걱정과 불안을 기대와 설렘으로 채워줄

미리 준비하는

1학년 학교생활

미리 준비하는 1학년 학교생활

초판 1쇄 발행 2022년 10월 31일

지은이 | 최정아
그림 | 이유승

발행인 | 최윤서
편집장 | 최형임
디자인 | 김수경
마케팅 지원 | 최수정
펴낸 곳 | ㈜교육과실천
도서문의 | 02-2264-7775
인쇄 | 031-945-6554 두성 P&L
일원화 구입처 | 031-407-6368 ㈜태양서적
등록 | 2020년 2월 3일 제2020-000024호
주소 | 서울특별시 중구 창경궁로 18-1 동림비즈센터 505호
ISBN 979-11-91724-18-9 (13590)

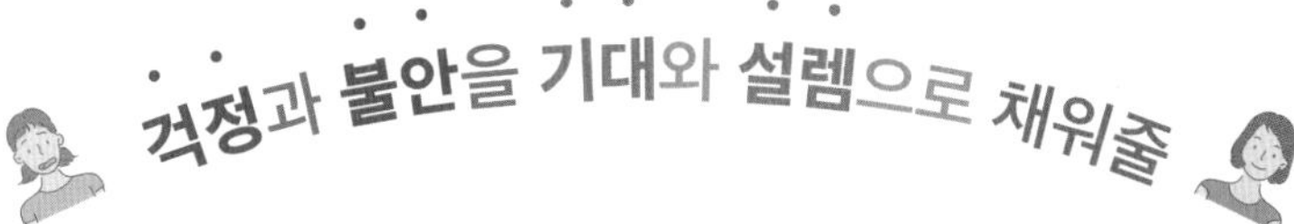

미리 준비하는 1학년 학교생활

최정아 글 | 이유승 그림

교육과실천

왁자지껄 좌충우돌 1학년 교실, 학교생활을 처음 시작하는 아이들과 오늘도 빵빵 터지는 하루를 보내고 있다면 이 책을 펼쳐보세요. 1학년 아이들과, 1년 동안 교실에서 그림책으로 활동한 생생한 기록이 여기에 있습니다. 최정아 선생님이 아이들과 그림책으로 교감하면서 주고받은 유쾌하고 아름다운 이야기들을 읽다보면 어느새 입가에 미소를 머금게 될 것입니다.

이현아(서울개일초 교사, 『그림책 한 권의 힘』 저자, 좋아서하는그림책연구회 대표)

두근두근 첫 학교생활의 길잡이가 되어줄 처방전입니다. 1학년 학교생활에서 도움이 필요할 때마다 한 번씩 꺼내 볼 책과 이야기들이 가득합니다. 또 실제 교실 활용사례는 입가에 미소를 짓게 합니다. 최정아 선생님의 섬세하고 따뜻한 그림책 학급경영에 응원과 지지를 보냅니다.

권민조(작가, 『할머니의 용궁여행』 저자)

오랫동안 힘들게 노력하며 쌓아온 노하우를 학부모와 동료 교사들을 위해 기꺼이 내준 책을 만날 수 있어서 기쁩니다. 교실 속 장면을 그림책으로 잇고, 아이들의 삶과 울림으로 확장하는 과정이 아름답습니다. 교육현장을 넘어 자신의 삶 속에서도 그 마음, 그대로 실천하는 선생님. 1학년 담임이 두려웠던 저도 용기 내어 도전하고 싶어집니다.

강지빈(김해봉황초 교사, 생각네트워크연구회 대표)

우리 아이의 첫 초등학교 생활, 어떤 모습일까요? 이 책에는 최정아 선생님과 여덟 살 어린이들의 순수하고 깜찍한 학교생활이 담겨있습니다. 그 반짝이는 일상에 '풋' 하고 웃음 짓게 되지요. 아이와 함께, 책 속에 소개된 그림책도 읽어보세요. 자연스럽게 1학년에게 필요한 생활습관과 학습태도를 준비할 수 있답니다. 입학을 앞두고 느껴지는 걱정과 불안을 기대와 설렘으로 채워보세요!

황진희(김해수남초 교사, 『그림책으로 펼치는 회복적 생활교육』 저자)

그림책과 함께한
생활 습관부터 공감·이해까지

적지도 많지도 않은 경력. 이제는 아이들이 익숙할 때도 되었건만 아직도 학년 배정 전에는 긴장감이 몰려옵니다. 게다가 1학년이라니요. 초등학생의 첫 시작인 1학년은 학교생활의 규칙·질서를 비롯한 생활 습관부터 제대로 학습해야 하는 시기이기에 마음에 부담이 더 컸습니다. 과연 잘 해낼 수 있을까? 학교 오기 싫다고 우는 아이는 없을까? 어떤 아이들을 만날까? 수많은 걱정들이 머릿속을 맴돌았습니다. 학부모님들도 마찬가지겠지요. 우리 아이가 어떤 선생님을 만날까? 친구들과는 문제없이 지낼까? 공부 시간 집중은 잘하고 있을까? 밥을 늦게 먹거나 골고루 먹지 않아 곤란하지는 않을까? 저 역시, 두 아이를 입학시킨 학부모였기에 그런 걱정들에 공감이 가기도 했습니다. 저는 걱정이 쌓일수록 그림책을 찾아 읽으며 자료를 모으기 시작했습니다. 책은 항상 제게 도움을 주었고, 이번에도 그 속에 답이 있을 거라는 믿음이 있었으니까요.

오랜만에 만난 작은 아이들은 예쁜 인형 같았습니다. 하지만 웬걸. 에너지가 엄청납니다. 아이들 에너지에 밀려 시들시들 지쳐갈 때쯤에는 느닷없이 애교로 사람을 녹이더니, 애교의 단맛에 빠져 해롱거릴 때쯤에는 여기저기서 빵빵 사고를 터트립니다. 게다가 설명은 수만 번을 되풀이 해줘야 하니 목소리도 남아나질 않더군요. 단맛, 쓴맛, 매운맛. '그래 이것이 1학년의 맛이구나' 라는 생각이 들었습니다. 어떤 이는 매일 반복되는 일상이 무료하고 지루하다고 하는데, 저는 매일이 스펙터클하니 감사해야 하겠지요. 마치 수년 전 겪었던 육아 전쟁과도 같은 모습이랄까요.

이런 아이들과 생활하면서 그동안 모아왔던 그림책들은 정말 많은 도움이 되었습니다. 느닷없이 마스크를 내리고 코를 후비는 아이를 발견할 때면 『코딱지의 편지』를 꺼내 들었고, 복도에서 운동장처럼 뛰어다니는 모습을 보이면 『사뿐사뿐 따삐르』를 함께 읽었습니다. 그렇게 그림책으로 다가가 아이들의 생활 습관을 바로 잡기 시작했지요. 그러다 봄볕의 햇살이 유혹할 때는 『프레드릭』을 함께 읽고 봄 햇살과 바람을 맞으며 예쁜 문장으로 마음의 양식을 쌓기도 하고, 서로 다른 아이들이 만나 갈등이 생길 때면 『가시 소년』을 비롯한 여러 가지 책으로 관계와 이해를 배워나갔습니다. 장애 교육, 환경 교육, 창의성 교육, 감성 자극 교육까지 그림책으로 공감·배려·이해까지 확장시키며 1년을 꾸려 나갔습니다.

그러나 이러한 과정은 단계적으로 이루어지는 것은 아니었습니다. 우리가 밥을 먹을 때, 다양한 반찬이 차려졌다고 해서 싱거운 것에서 짠 반찬의 순서를 정해 먹지 않는 것처럼 말입니다. 짭조름하고 아삭한 콩나물을 먹었다가 조금 짜다 싶으면 따뜻한 밥 한 숟가락을 더하고 목이 막힌다 싶으면 얼큰한 국물을 먹듯이 다양한 맛의 음식들을 상황에 맞추어 조화롭게 섭취하잖아요. 그림책 활동 수업도 마찬가지입니다. 아이들에게 필요한 영양이 무엇인지, 지금 필요한 가치가 무엇인지를 생각하며 그 상황에 적절한 그림책으로 활용 수업을 해야 했습니다. 친구 관계를 배웠다고 해서 이후에 다시 다루지 않는 것이 아니라 필요하다면 다른 그림책으로 또 다시 다가가며 아이들과 꾸준히 읽고 나누었습니다.

그림책은 그렇게 학교생활 하는 아이들과 늘 함께였습니다. 저 역시도 폭풍 같은 하루를 마무리하고 나면 저를 위한 그림책을 읽으며 힘들었던 하루의 마음을 다독이곤 했습니다. 누군가는 여기서 이런 질문을 할지도 모르겠습니다. 그렇다면 선생님은 인생 그림책이 있으신가요? 네. 물론 있습니다. 큰 아이 어릴 적 자주 읽어주던 하야시 아키코의 『은지와 푹신이』라는 책입니다. 나이가 들어갈수록 제가 그 그림책 속의 푹신이를 닮았다는 생각이 자꾸 들거든요.

푹신이는 작고 낡은 인형입니다. 은지가 태어나 자라는 시간을 함께 보내는 인형이죠. 어느 날 이 둘이 할머니를 찾아가는 과정을 담고 있습니다. 그 길에서 무수한 일들을 겪어내며 작고 낡은 인형이 보호자처럼 은지를 보살피고 아끼는 내용이지요. 위급하고 힘든 상황이 생길 때마다 자신이 다쳐서 망가지고 있음에도 불구하고 작은 인형인 푹신이는 은지를 안

심시키기 위해 말합니다.

"괜찮다고, 자기는 아무렇지도 않다"고 말이에요.

그 말이 꼭 제 모습을 닮은 것 같아 읽을 때마다 뭉클합니다. 본래 체력이 약한 데다 체구도 작아 교실 속 서른 명의 아이들과 더불어 퇴근 후 두 아이를 돌보기엔 하루하루가 너무 힘들고 벅차거든요. 하지만 늘 푹신이처럼 스스로를 다독이고 되뇌입니다. '괜찮다고. 아무렇지도 않다' 고요.

그렇게 스스로를 다독이며 그림책이 가져다주는 변화를 기록하기 시작했습니다. 기록을 시작한 후부터는 아이들의 이야기가 그냥 흘러가지 않았습니다. 힘든 하루를 웃음 짓게 했던 아이들의 작은 행동들이 고단하고 치열했던 순간들을 잊게 해주는 마법의 약이 되기도 했습니다. 그렇게 차곡차곡 기록된 글들을 돌아보니 소소하고 평범했던 일상들이 소중하고 특별한 일들로 가득 차 있습니다. 기록의 힘이란 이런 것인가 봅니다.

아이와 함께하는 그림책 활동으로 즐겁고 행복한 하루하루를 만들어가보세요. 그런 아이들의 활동 내용을 기록하며 그 순간들을 담아보기도 하고 말이지요. 그림책을 읽으며 함께 놀고, 함께 생각하고, 함께 배워가는 시간이 모이다 보면 우리 아이의 기초 습관부터 공감 이해까지 그림책 교육의 힘을 맛볼 수 있을 것입니다.

마지막으로 더없이 부족한 저를 사랑해주고 믿어준 아이들에게 제 마음을 전합니다.

차 례

제1부 괜찮아, 서툰 건 당연한 거야
_기초 생활과 학습 습관 바로잡기

제2부 좋아, 잘하고 있어 _학교생활 적응하기

제3부 그래. 더 멋지게 성장하는 거야
_나를 이해하고 관계 맺기

제4부 기억해. 함께라서 더 행복하다는 것을
_타인의 감정에 공감하고 배려하기

부록

제1부

괜찮아, 서툰 건 당연한 거야

_기초 생활과 학습 습관 바로잡기

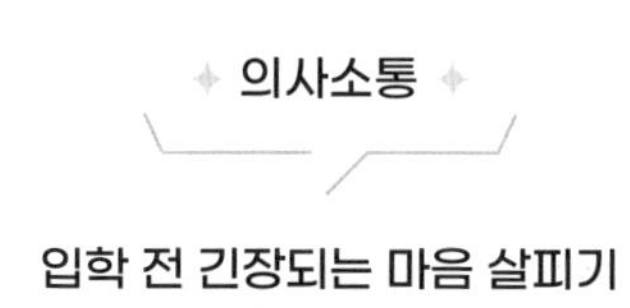

입학 전 긴장되는 마음 살피기

첫 만남

두근두근, 입학식.

가슴이 너무나 떨립니다. 며칠 전 읽었던 박보람의 『학교 가기 싫은 선생님』 그림책이 딱 제 마음이더군요. 물론 처음 학교에 오는 아이들도 떨리고 긴장되겠지만. 저 역시 1학년은 처음인걸요. 십여 년 전, 딱 한 번의 경험은 기억에도 없으니까요.

떨리는 마음으로 서 있는 제게 한 아이가 웃으며 다가와 말합니다.

"선생님, 저 1학년 되니까 너무 설레요."

어색할 거라 생각했던 첫 만남은 그렇게 눈 녹듯 녹아내렸습니다.

아이들을 만나면 학교도 너희들을 만나 행복해할 거라 말해주며 꼭 읽어주리라 마음에 품었던 책이 있습니다. 아담렉스의 『학교가 처음 아이들을 만난 날』입니다. 하루하루 천천히 학교의 곳곳을 둘러보며 학교의 구석구석을 사랑해주기로 약속하면서 말이지요.

그렇게 첫 그림책을 함께 한 후 그제야 제 이름을 소개하고, 학교 이름도 소개하고, 내일 준비할 물건, 어떤 교실로 오는지, 어떤 자리에 앉는지, 신발은 어디에 두는지 등을 차근히 설명하며 꼼꼼하게 챙겨 나갔습니다.

첫 만남의 시간은 그다지 길지 않았던 터라 서둘러 기념 촬영을 마치고 삐뚤빼뚤한 줄이지만 차례차례 줄을 지어 다시 부모님에게로 향했습니다. 정문 앞에서 기다리시던 부모님들이 일제히 손을 흔들며 아이의 이름을 부르기 시작했습니다. 첫 입학의 대견함으로 벅차오르는 감정을 쏟아내며 아이를 꼭 안아주기도 하고, 첫 하굣길을 기념하기 위해 찰칵찰칵 사진을 찍기도 했으며, 학교가 어땠냐는 물음과 함께 아이의 얼굴을 사랑스러운 눈빛으로 마주하기도 했습니다.

오늘은 말로 표현하지 못할 만큼 사랑스럽고 소중한 서른 명의 아이들을 처음 만난 날입니다.

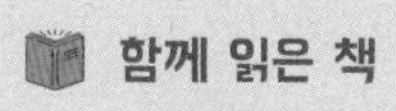

함께 읽은 책

학교 가기 싫은 선생님

종종 입학식 날 울고 있는 아이를 발견할 때가 있습니다. 엄마가 보고 싶다고 말이에요. 이 작은 아이가 처음 학교를 만난, 이 순간이 얼마나 떨리고 긴장될까요.
『학교 가기 싫은 선생님』은 아이들과 입학 전 함께 읽으면 좋은 그림책입니다. 누구나 처음이 있고 긴장되는 마음이 있다고 알려주고, 아이들의 입학 전 걱정거리에도 귀 기울여주세요.

학교가 처음 아이들을 만난 날

학교를 처음 만나는 아이들에게 들려주고 싶은 이야기가 담겨 있습니다. 아이들도 학교가 처음이지만 사실은 학교도 아이들을 처음 만나는 날이잖아요. 책을 함께 읽은 후 학교는 너희들을 사랑하기에 안전하게 지켜 줄 거니까 너희들도 학교의 곳곳을 아끼고 사랑해주며 생활하자고 말해주세요.

감성·감정

실수(착각)를 부끄러워하는 아이 마음 돋아주기

착각도 괜찮아

입학 후 아이들 적응 활동 기간에는 반과 이름이 적힌 명찰을 목에 걸고 다닙니다. 그 명찰을 보고 급식소에서는 영양사 선생님께서 자리 안내도 도와주고, 학교에서 길 잃은 아이들 반도 찾아주고, 담임 선생님도 이름과 얼굴 익히기에 도움을 받기 때문이지요.

하지만 집에 가는 하굣길에는 명찰을 학교 책상 위에 다시 벗어두고 가야만 합니다. "어머! ○○야 안녕?"이라며 친근하게 이름을 부르고 접근하는 나쁜 사람들의 사례도 있을뿐더러 목에 건 긴 줄이 다른 곳에 걸려 목이 졸리는 안전사고도 걱정되기 때문입니다. 그리고 집에 가져가면 다시 가져오지 않는 친구들이 종종 있어 학기 초 학교생활에 어려움도 있습니다.

수업을 마친 후, 정신없이 방과 후 선생님들이 오고 가며 아이들을 데려가고, 화장실 다녀오겠다, 집에는 언제 가냐, 자기는 무슨 방과 후 수업이냐 물어대며 혼을 빼고 있는 차 불현듯 명찰을 벗어서 책상 위에 두라는 말을 잊었습니다.

저는 급히 소리를 쳤습니다.

"얘들아, 목걸이 빼서 책상 위에 두고 가세요. 책상 위에 목걸이를 두고 가야 됩니다."

못 들은 친구가 없는지 여기저기를 살피며 고래고래 소리를 치는데 등 뒤에서 누군가 톡톡 저를 두드립니다.

그런데 이게 무슨 일입니까. 번쩍번쩍한 빛나는 금목걸이를 길게 늘어뜨리고는 저에게 묻습니다.

이게 아니야~
아냐~아냐~
선생님, 여기 있어요.

으악. 정신이 없어도 너무 없지.

이름표라고 해야지. 명찰이라고 하던지. 목걸이를 빼라고 했으니….

황급히 다시 목에다 걸어주며 말했습니다.

"이거 말고. 이름 적힌 명찰 목걸이 말이야."

착각한 친구는 얼굴이 빨개지며 머쓱하게 자리로 돌아갑니다. 사실은 제 실수인데 말이에요. 이처럼 살아가다 보면 착각으로 일어나는 일들이 참 많습니다. 하지만 착각이라는 것은 무안하기만 한 부정적인 감정은 아닙니다. 오히려 착각이 쏘아 올린 공으로 운명이 바뀐 해바라기 이야기도 있으니까요.

바로 보람의 『파닥파닥 해바라기』라는 책입니다. 큰 해바라기 틈에 낀 작은 해바라기는 늘 따듯한 햇빛과 시원한 빗물이 그리웠습니다. 그런 모습을 본 벌은 꽃잎을 날개로 착각해 해바라기에게 날갯짓을 해보라고 하지요. 그 파닥거림으로 키 작은 해바라기는 친구들의 눈에 띄게 됩니다. 벌의 착각으로 인한 말 한마디가 해바라기를 튼튼하게 자랄 수 있게 해주는 내용입니다. 키 작은 꼬마 해바라기가 파닥 파닥거리는 모습이 마치 우리 아이들 모습처럼 귀엽고 사랑스럽기도 하답니다.

저 또한 오늘의 착각으로 인해 아이들에게는 급히 내뱉는 말이 아닌 생각하고 고민한 정선된 말로 대해야 한다는 것을 깨달았으니 이 또한 좋은 일이 아닌가요.

 **함께 읽은 책**

파닥파닥 해바라기

세상에는 기분 좋은 착각들도 많습니다. 그런 착각을 활용해보세요. 귀여운 자녀를 쳐다보며 연예인이 걸어 들어오는지 착각했다며 세상에서 제일 예쁘다고 말해주는 겁니다. 아이들이 조건 없이 사랑받을 공간은 가족이라는 울타리 안이니까요. 벌의 착각으로 무럭무럭 자란 해바라기처럼 자신을 사랑하는 마음으로 건강하고 튼튼하게 자랄 수 있도록 늘 사랑스럽다고 말해주세요.

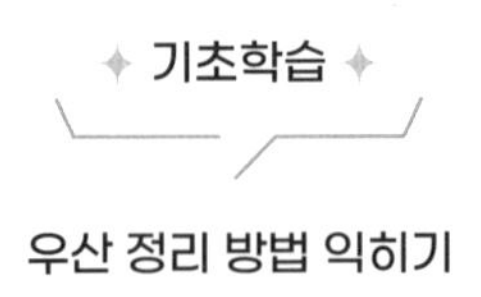

기초학습

우산 정리 방법 익히기

비 오는 날의 풍경

보슬보슬 봄비가 내립니다.

이런 날이면 류재수의 『노란 우산』이 떠오르지요. 이 책에 펼쳐진 그림들은 마치 하늘에서 내려오는 비가 바라보는 세상처럼 위에서 내려다본 우산들의 모습을 담고 있습니다. 잿빛 거리에 알록달록한 우산들이 옹기종기 모여 있는 모습이 너무 아름답고 즐거워 보이지요. 떨어지는 빗방울 소리가 운치 있고 낭만적이었던 때가 언제였던가요. 그런 낭만을 느끼며 비 오는 날을 맞고 싶지만, 비가 오는 학교는 평소보다 부산스럽습니다.

1학년 교실이 이어진 복도에는 각 교실 뒷문에 선생님들께서 줄을 지어 서 있습니다. 왜냐고요? 바로 우산을 묶어 주기 위해서이지요.

작은 우산 통에 제멋대로 펼쳐진 상태로 우산을 끼워 넣게 되면 우산 속에 우산이 꽂히고 꽂혀 다시 꺼낼 때도 여기저기 걸려 부러지기 십상입니다.

"선생님, 이게 안돼요."

"그래? 어디 보자. 이렇게 까칠까칠한 부분이 위로 올라오도록 이쪽 방향으로 돌려야지."

벨크로로 쉽게 붙도록 되어있지만 아이들은 반대로 우산을 돌려 벨크로 부분이 아래로 숨어 있는 경우가 많습니다.

"선생님. 저도 안돼요."

"그래? 어디 보자~ 이렇게 볼록 튀어나온 부분이 위로 올라오게 이쪽 방향으로 돌려야지."

똑딱이도 마찬가지입니다.

그렇게 서른 명의 아이들의 우산 묶기를 도와주고 허리를 펴 봅니다. 고개를 드니 다른 반도 선생님 곁에 옹기종기 모여 우산 묶기가 한창입니다.

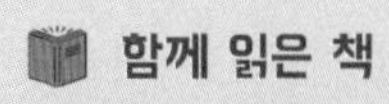

함께 읽은 책

노란 우산

노란 우산은 글이 없는 그림책입니다. 글이 없는 대신 QR코드로 피아노 선율과 함께 들을 수 있답니다. 아이들과 함께 듣고 읽으며 비 오는 날 우산이 보여주는 다채로운 색감을 경험한 후 우리 집 우산의 색깔도 모아보세요. 활동이 끝난 후에는 우산을 접고, 펴고, 묶기를 반복하며 정리 방법도 익힐 수 있도록 도와주세요. 아이들 소근육 발달에도 도움이 된답니다.

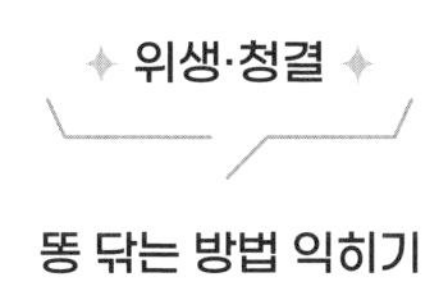

위생·청결

똥 닦는 방법 익히기

혼자 할 수 있어요

1학년 생활을 하다 보면 가끔 배변 실수를 하는 경우가 있습니다. 배탈이 났다거나 학교에서 볼일을 보지 않겠다며 참고 참다가 그만 실수를 한다거나. 게다가 요즘은 각 가정에 비데를 이용하는 경우가 많아 더더욱 학교에서의 배변은 난감하기만 하지요.

아이들의 배변 후 뒤처리 방법은 입학 전 중요한 교육이 되어야 합니다. 제 딸아이가 어릴 적에는 학교에는 양변기보다 좌변기가 많던 시절이라 입학 전 좌변기 훈련을 시킨 기억이 있습니다. 당시 딸아이는 바지를 발목까지 내려 좌변기에서 볼일을 보려 했습니다. 좌변기를 가운데 두고 다리가 벌어져야 하는데 발목까지 내려온 바지 때문에 다리가 벌려지지 않아 곤욕을 치르곤 했었지요. 바지는 발목이 아니라 무릎까지 내리는 거라며 집에서 몇 번의 훈련을 하곤 했습니다.

안영은의 『슈퍼 히어로의 똥 닦는 법』이라는 책에서는 재미있는 히어로 이야기를 통해 똥 닦는 법을 자세히 설명해주고 있었습니다. 몇 칸의 화장지를 사용해야 하는지, 어떤 방향으로 똥을 닦아야 하는지 말이지요.

알고 계시지요? 아이들은 똥, 방귀 이야기에 특히 즐거워한다는 것을요. 슈퍼 히어로가 똥 묻은 팬티를 입고 변신한다는 내용에 아이들은 흥분했고, 읽는 내내 즐거워했습니다. 책을 다 읽고 아이들과 똥 닦는 방법을 직접 익히기 위해 준비한 수업 자료를 주섬주섬 꺼내었습니다.

몇 해 전 SNS에서 우연히 보게 된 영상을 참고하여 만든 자료였습니다. 동그란 풍선 두 개를 매단 의자에 앉아 그 풍선 사이로 화장지를 사용해 똥 닦는 교육을 하는 영상이었지요. 너무 기발하다는 생각과 함께 즐겁게 본 영상이라 학습 자료를 준비하며 아이들이 얼마나 깔깔댈지 기대가 되었습니다.

역시나 칠판에 '여기는 화장실입니다'라는 문구를 쓰고 화장지를 건 후 풍선 두 개를 매단 의자를 가운데 배치하자마자 난리가 났습니다. 소리를 지르며 흥분을 하더군요. '역시 좋아할 줄 알았어.'
그런데 자세히 들어보니 예상과는 너무 다른 목소리가 들려왔습니다. 모두 "안 할래요. 안 할래요" 소리를 지르고 있는 게 아니겠습니까. 오 마이 갓. 망했습니다. 이 녀석들 부끄러운 게냐.

저는 몹시 당황했지만 아무렇지도 않은 듯 수업을 진행해야 했습니다.

"얘들아. 여기는 화장실이야. 그럼 이 의자에 달린 풍선 두 개는 뭘까?"

"엉덩이요."

"맞아요. 바로 엉덩이에요. 이제 이 엉덩이 사이에 똥을 나타낼 물감을 살짝 묻힐 거에요."

"으아아아아악!!!!!!"

"더러워요."

"안돼~~~~ 저는 안 할래요."

"싫어요. 저 못해요."

진짜 똥이라도 묻은 것처럼 아이들은 더 난리를 칩니다. 이게 아닌데. 다들 즐거워할 줄 알았더니. 너무 몰입되었는지 더럽다고 난리가 났습니다. 어쩌겠습니까. 저라도 앉아야지. 할 수 없이 시범만 보이는 수업이 이

화장지를 예쁘게 접어서~
이렇게 밑에서 위로~
다시 예쁘게 접고~

루어졌습니다.

'직접 체험하지는 못해도 설명이라도 잘 듣는다면 괜찮아.'

스스로 다독이며 설명을 열심히 이어 나갔습니다.

"자, 화장지는 꼬깃꼬깃 구겨서 닦는 것이 아니라 선생님처럼 이쁘게 접는 거예요. 그리고는 이렇게 화장지로 엉덩이 사이를 밑에서 위로 닦는 거예요. 그리고는 반을 접어요. 남은 똥을 또 같은 방식으로 닦아줘요. 이렇게 똥이 묻어 나오지 않을 때까지 닦아 주는 거예요."

다행히 소리 지르며 난리 난리를 치던 아이들이 조용히 앉아 제 풍선 엉덩이 사이의 똥을 닦는 모습을 조용히 지켜보며 열심히 배우고 익히고 있었습니다. 그것으로 충분했습니다.

나중에는 몇 명의 아이들이 체험을 해보고 싶어 해 직접 체험 기회를 가졌고, 나머지 친구들은 집에서 배운 것을 기억하고 똥 잘 닦기로 약속하며 수업을 마무리했습니다.

함께 읽은 책

슈퍼 히어로의 똥 닦는 법

슈퍼 히어로의 단 하나의 단점인 능숙하지 못한 똥 닦기 실력을 고치기 위해 도사와 함께 바른 똥 닦기 방법을 배우는 책이에요. 유쾌한 스토리와 함께 펼쳐지는 이야기라 흥미진진하답니다. 함께 읽은 후 똥 닦기 연습도 해보세요.

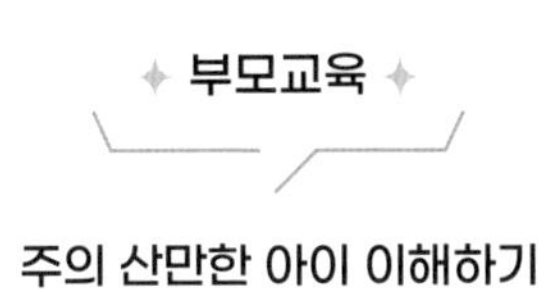

주의 산만한 아이 이해하기

못 말리는 호기심 꾸러기들

가끔 아이들은 생각합니다. 내 곱디고운 살결을 저 까슬까슬한 화장지로는 닦고 싶지가 않다. 사물함에 고이 모셔둔 부드러운 사각 티슈로 응가를 닦아 내리다. 아니야. 난 물티슈로 촉촉하게 닦을 것이야. 하지만 애들아. 미안하지만 화장실에는 휴지통이 없단다.

공동생활을 하다 보면 화장실 변기가 종종 막혀 고생하는 일이 일어납니다.

"얘들아, 사각 티슈나 물티슈로 볼일 본 것을 닦고 변기에 넣으면 변기가 막혀버려. 왜냐하면 그런 티슈들은 물에 녹지를 않기 때문에 내려가는 길이 막히는 거야. 알겠니? 그러니까 꼭 화장실에 있는 화장지를 써야 해."

아이들 표정을 보니 멍할 데로 멍합니다.

이렇게는 안 되겠다 싶어 급히 물병 2개를 준비했습니다.
그리고 같은 양의 물을 담은 후 화장실 두루마리 휴지와 사각 티슈를 일정 크기로 잘라 각각의 병에 넣어 흔들었습니다.
학교에서 이뤄지는 첫 과학실험입니다. 어쩜 생애 첫 과학실험일지 모르는 일생일대 흥미로운 사건을 보기 위해 제 주변으로 우루루 아이들이 몰려들었습니다.

"자. 화장실 두루마리 화장지를 넣었어. 흔들어 볼게요."
화장지가 병 안에서 낱낱이 부서져 흩어집니다.
"우와~ 선생님 가루 같아요."
"그래. 이 화장지는 이렇게 물에 들어가면 부서지기 때문에 변기가 안 막혀요. 이제 사각 티슈 화장지 넣은 병을 흔들어 볼까?"

두근두근.
힘껏 흔들고 또 흔들어 아이들에게 보여주는 순간, 아이들이 환호성을 지릅니다.
"와아~ 안 녹았어. 그대로야. 신기하다, 진짜!"
플라스틱병 안에 화장지가 모양을 유지한 채로 그대로입니다.
"제가 해볼래요. 제가 해 볼래요."
아이들은 기필코 녹이고야 말겠다는 일념으로 플라스틱병을 흔들고 또 흔들기 위해 길고 긴 줄을 이었습니다.

아무리 흔들어 봐도 화장실 두루마리만큼 잘게 부서지지 않는 것을 눈으로 확인했습니다.

"사각 티슈는 물에 잘 녹지 않기 때문에 변기가 막혀요. 이제 화장실 볼일 보고 어떤 화장지 써야 하는지 알겠죠?"

"네"

그렇게 호기심 많은 아이들은 화장지가 얼마나 흔들어야 녹는지 확인해 보겠다는 일념으로 수천 번을 흔들고 또 흔들어댑니다.

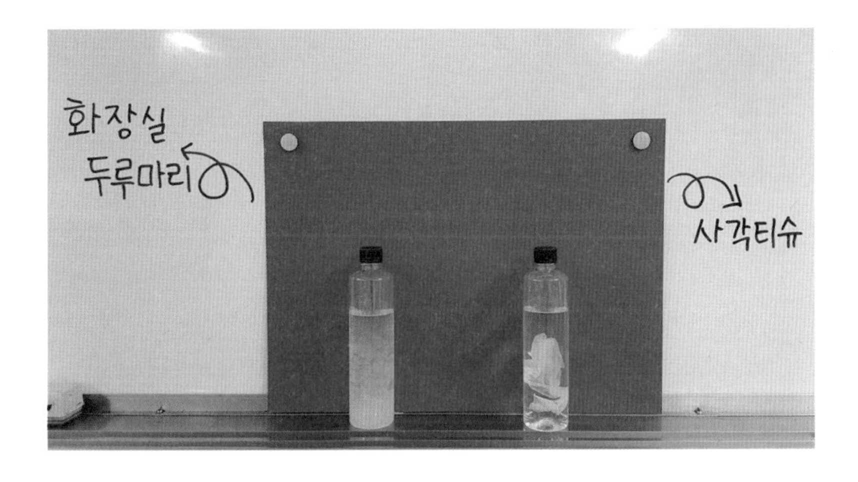

다음 날 저는 교실에서 발효 장인들을 만났습니다. 이것은 다른 말로 과학실험의 후유증이기도 합니다. 어쩜 오늘 제가 마시려고 싸 온 옥수수차가 어제 실험했던 물병과 그리 닮은 아이를 데려왔을까요. 검은색 모자에 색이 빤히 보이는 맑고 투명한 몸. 그 속의 노오란 옥수수차.

아이들의 궁금증을 막을 수가 없었나 봅니다. 제가 잠시 교실을 비우고 돌아오니 아이들이 얼마나 흔들어댔던지 제 물병에 거품이 부글부글 들끓고 있습니다.

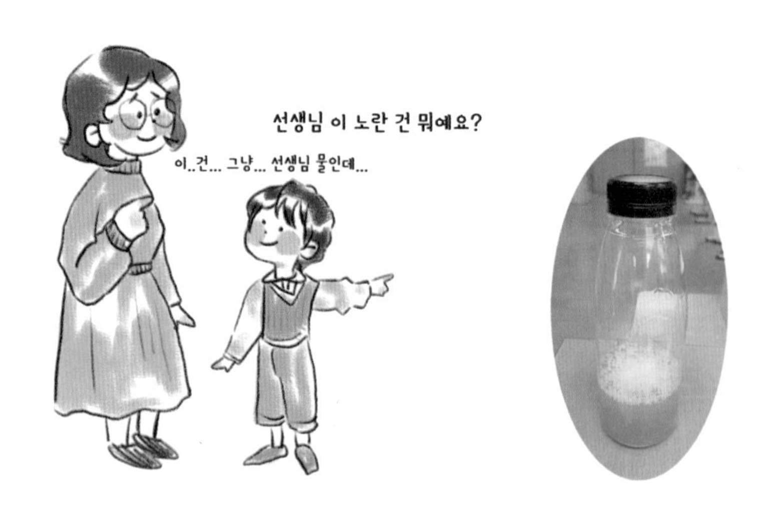

이처럼 아이들의 호기심은 끝이 없습니다. 마치 윤석중의 『넉 점 반』처럼요. 시계가 흔치 않던 그 옛날, 이웃 가겟집에 가서 몇 시인지 물어보고 오라고 보냈던 아이가 넉 점 반(네 시 반), 넉 점 반(네 시 반)을 외며 깜깜한 밤에야 집으로 돌아와 넉 점 반이라며 시간을 알려주는 이야기지요. 그렇다면 아이가 깜깜해지는 동안 무엇을 했을까요? 무엇을 했는지, 그 이웃집과의 거리가 어땠는지, 직접 책을 보시면 아마 놀라고 말 거예요. 그런데 왜 아이가 늦은 밤에야 돌아왔냐고요? 그야 돌아오는 길, 눈 끝에 마주한 모든 사물을 관찰하고 다니거든요. 아이들의 호기심을 정말 잘 표현한 작품이라는 생각이 드는 책입니다.

저희 집에는 책만 읽던 아들과 달리 딸아이가 굉장히 활달하고 호기심이 많은 편이었습니다. 보행기를 타고 다닐 때에는 화분의 이파리를 다 뜯어 먹고 다니더니, 아장아장 걸을 때는 변기 물에 세수하고, 유치원 다닐 때는 썬크림으로 팔다리를 하얗게 만들기도 했지요. 그런 아이에게 이를 닦으러 가는 길은 넉 점 반이었습니다. 지나가는 길에 리코더가 보이면 리코더를 한 참 불다가, 머리핀이 보이면 여기저기 꽂았다가, 장난감을 들고 뛰어다니기도 했거든요.

저는 그런 아이를 보며 채근할 수밖에 없었습니다. "아이고~ 리코더가 언니 입 냄새나서 못 견디겠단다. 이 닦고 불었으면 좋겠단다", "언니, 나 핀이야. 이를 닦아야 진짜 이쁜 언니가 되는 거야"라며 우스꽝스러운 말로 상상을 더하기도 하면서 말이지요. 그럼 딸아이는 이렇게 대답했지요 "나 언니 아닌데. 나 곰돌이 엄만데요"라며 어느새 곰돌이를 등에 업고 나타납니다.

그렇게 말썽꾸러기로만 보이던 호기심 많던 딸아이는 자라면서 다른 아이들보다 관찰력이 좋았습니다. 늘 궁금한 것들을 깊이 있게 바라보고 지내왔으니까요. 그런 아이의 관찰력과 상상력이 더해져 초등학교 5학년 때는 『내복 토끼』라는 그림책을 저와 함께 펴내기도 했습니다. 이처럼 아이들의 호기심은 어디에서 다시 빛이 될지 모를 일입니다.

교실에 자동 체온 측정기가 생겼습니다. 마트나 병원에서 다들 보셨지요? 손목만 갖다 대면 삑 소리와 함께 체온이 숫자로 나타나면서 "정상입니다"라는 말소리가 들라는 그거요. 설치가 끝나자마자 아이들이 득달같이 달려들어 차례로 손목을 갖다 댑니다.

서른 번의 소리가 끝났음에도 불구하고 삑삑 소리는 계속 들립니다. 왜냐고요?

겨드랑이를 갖다 대고, 정수리를 갖다 대고, 팔꿈치를 갖다 대고, 필통도 갖다 대고, 지우개도 갖다 대고.

"선생님. 안경도 정상이래요. 헤헤헤"

넉 점 반, 넉 점 반. 오늘도 넉 점 반을 외며 호기심 가득한 아이들을 지켜봅니다. 지금은 호기심 많은 아이들로 힘들고 지치겠지만 늘 넉 점 반을 외치며 아이들 기다려주세요. 남에게 피해가 가지 않고, 위험한 일이 아니라면 말이지요.

함께 읽은 책

넉 점 반

이 그림책은 아이보다는 어른이 읽으면 더 좋은 그림책입니다. 호기심 가득한 아이를 이해하게 되며 아이의 마음을 따라가 볼 수 있거든요. 말썽쟁이 아니고 호기심 꾸러기에요. 오늘도 같이 욀까요? 넉 점 반 넉 점 반.

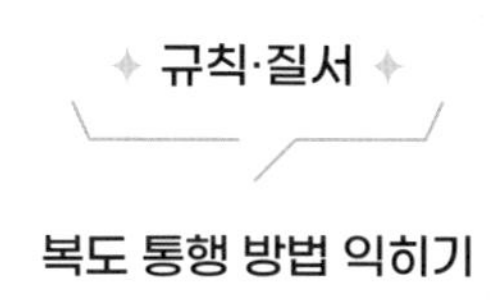

복도 통행 방법 익히기

미션 임파서블

가정에서 아이들 생활은 어떠한가요? 층간소음으로 힘들어하진 않으신가요?

학교에서는 아이들이 학교생활에 적응할수록 학교와 복도는 시끄러워지기 시작합니다. 길고 긴 복도를 보면 마냥 뛰고 싶은 마음이 드나 봅니다. 여기저기를 뛰어다니는 아이들을 보니 김한민의 『사뿐사뿐 따삐르』라는 책을 읽어줘야겠다는 마음이 듭니다.

따삐르는 그저 그림책 속 상상 캐릭터가 아닙니다. 실제 존재하고 있는 동물인데요. 아이들과 책을 읽기 전 따삐르 동물을 검색해서 사진을 보며 코끼리 얼굴에 돼지 몸통. 그리고 코뿔소의 눈을 가졌다는 정보를 접하게 되었습니다. 멸종 위기에 놓여있으며 수영을 좋아한다는 내용까지요.

한 친구가 묻더군요.

"선생님, 따삐르는 뭐 먹고 살아요?"

저도 알고 있지 못한 터라 또다시 검색해보았습니다. 잔가지와 나뭇잎, 과일, 채소를 먹고 사는 동물이라고 합니다. 그렇게 정보 검색을 마친 후 함께 그림책을 읽기 시작했습니다. 그림책 내용은 사뿐사뿐 따삐르의 걸음걸이 덕분에 사냥꾼에게서 위험을 벗어난 이야기였습니다.

아이들과 정글이 아닌 학교에서 사뿐사뿐 걸으면 어떤 좋은 점이 있는지 발표하며 알아보았습니다.

<학교에서 사뿐사뿐 걸으면 좋은점>

- 학교가 조용해진다
- 넘어지지 않아요
- 친구에게 피해를 주지 않아요
  - 공부에 방해가 안된다, 다른반 수업에 방해가 안된다
- 선생님이 행복해진다

좋은 점을 함께 알아본 후에는 비밀스럽게 작은 목소리로 아이들에게 말했습니다.

"얘들아, 오늘 선생님과 중요한 미션을 할 거야."

아이들은 눈을 반짝반짝 빛내며 되묻습니다.

"뭐요?"

"그림책에서 따삐르가 사뿐사뿐 걸어서 사냥꾼에게 들키지 않았지요?"

"네."

"우리는 복도를 사뿐사뿐 걸어서 다른 반 친구들에게 들키지 않는 거예요."

"크크…."

터져 나오는 웃음을 손으로 틀어막으며 흥미진진해 합니다.

"잘할 수 있겠어요?"

"네!"

"쉿. 조용히 해야지. 우리 이러다 들키겠어."

다들 손으로 입을 막으며 고개를 끄덕입니다. 저는 작은 소리로 말을 이어갔습니다.

"여학생 남학생 한 줄씩 줄을 서 보세요."

아이들은 큭큭 웃음을 참으며 줄을 섭니다.

줄이 모두 세워지자 저는 교실 문을 살짝 열고 여기저기를 살폈습니다.

아무도 나온 이가 없습니다. 지금입니다.

조용히 아이들을 출발시켰습니다. 여학생이 먼저 복도를 한 바퀴 돌고 다녀오고 나면 남학생이 이어서 출발했습니다.

아이들은 다른 반에 들키지 않기 위해 허리를 숙이고, 창문으로 다른 반을 흘끔거리며 터져 나오는 웃음을 막기 위해 손으로 입을 가로막았습니다. 그리고 어떤 친구는 창문으로 자신이 보일 것 같다며 바닥을 기어가기도 하고 또 어떤 친구는 문이 나오면 총총걸음으로 뛰어가다, 문을 지나가

고 나면 벽에 찰싹 달라붙으며 007 작전의 첩보원처럼 스치듯 복도를 지나갔습니다.

그렇게 스릴 만점 1차 미션이 끝났습니다.

"까아악! 성공이야. 성공"

"와~ 우리 들킬 뻔했다. 그치."

"진짜. 아슬아슬했지?"

즐거운 미션이었지만 제 의도는 이것이 아니었습니다. 사뿐사뿐 바르게 걷는 연습이 필요했기에 2차 미션을 다시 제시했습니다. 바른 자세로 손 허리하고 사뿐사뿐 한 줄로 줄을 맞추어 다녀오기로 말이지요.

그렇게 2차 미션까지 잘 수행한 후 점심시간이 되었습니다. 급식소 이동을 위해 한 줄서기 한 아이들에게 이야기했습니다.

"우리 따뻬르처럼 사뿐사뿐 다니기로 약속했지요?"

"네!!!!"

"약속 지킬 수 있나요?"

"네."

그렇게 아이들 줄은 급식소로 출발했고 유난히 줄을 잘 맞춰 따라오는 아이들이 너무나 대견했습니다. 그렇게 흐뭇하게 아이들을 바라보며 이동하는데 그 모습이 다른 반 선생님께서도 너무 기특해 보이셨던지 칭찬 한마디를 던지십니다.

"우와~ 오늘 1학년 5반 친구들 너무 잘하네. 아까 복도 걷는 연습하더니."

뜨아악!!!

갑자기 아이들 얼굴이 새하얗게 질립니다.

잠시 후, 침묵을 깨고 한 아이가 소리칩니다.

"우리 실패했어!!!"

수군수군수군.

역시 선생님들은 대단하십니다. 어떻게 눈치 채셨지. 쥐도 새도 모르게 다녀왔는데 말입니다.

함께 읽은 책

사뿐사뿐 따삐르

사뿐사뿐 움직이는 걸음의 중요성을 잘 알게 해주는 그림책입니다. 이웃집 사냥꾼에서 들키지 않기 위해 집안을 사뿐사뿐 걸어 다녀야 한다는 역할 놀이로 아이들과 사뿐히 걷는 연습도 해 보세요. 층간소음의 문제 해결은 배려와 이해가 바탕이 되어야 함을 함께 설명해주시는 것도 잊지 마시고요.

관계·이해

친구와 사이좋게 지내는 방법 알기

내 곁의 친구를 지키는 방법

요맘때의 저를 떠올려 봅니다. 친구만큼 소중한 게 또 있을까요? 그러나 많은 아이들이 좁은 공간에서 생활하다 보니 친구들과의 관계가 모두 좋지는 않습니다. 하루에도 수십 번, 시도 때도 없이, 불쑥불쑥. 제 옆으로 나와 아주 작은 소리로 또는 너무 큰 소리로 다른 친구의 잘못을 일러주고 갑니다. 해결을 위해서이기도 하고 그저 알려주는 행위 자체가 목적이기도 합니다. 알아듣지도 못하는 말을 재잘대고는 쌩하니 뒤돌아 자리로 돌아가 버리거든요. 다른 사람에 대한 공감력을 배워갈 나이이기에 아직 서툰 것이 맞는 말인지도 모르겠습니다. 피아제의 인지발달이론에 따르면 7세부터 11세까지의 아이들은 구체적 조작기로 자아 중심적 사고에서 상대방의 관점을 이해하기 시작하는 단계이기 때문입니다.

나를 알리고 소개하는 것보다 어쩜 친구와의 관계 정리가 더 먼저일지도 모른다는 생각으로 낸시 칼슨의『친구를 모두 잃어버리는 방법』이라는 그림책을 함께 했습니다.

책을 읽으며 아이들은 내내 불편해했습니다. 책 속에서 자신의 행동이 보여서인지, 나쁜 행동을 그림 장면으로 만나서인지. 어쩜 그림책 속의 친구 마음에 공감해서인지도 모르겠습니다.

"친구를 모두 잃어버리는 방법이라고? 그럼 친구를 잃어버리지 않으려면 반대로 하면 되겠는데? 어떤 방법이 있을까?"

"장난감을 나눠 써요."

"친구에게 밝게 웃어줘요."

"비가 올 때 우산을 나눠 써요."

아이들의 이야기는 수도 없이 나왔습니다. 아직 글을 쓰지 못하는 아이들이라 발표하는 내용을 들으며 제가 타이핑하기 시작했습니다. 물론 읽을 수 있는 몇몇의 친구들을 위해 프로젝션 TV로 화면을 틀어 놓고, 글자 포인트를 크게 해서 함께 볼 수 있도록 말이지요. 하나하나 아이들이 불러주는 내용을 받아 적다 보니 무려 33개의 의견들이 나왔습니다.

'요 녀석들 이렇게나 잘 알고 있으면서 왜 실천을 안 하는 거냐.' 하긴, 어른인 저도 마찬가지겠지요. 앎이 모두 삶이 되진 않으니까요.

아이들과 장면을 나누어 약속카드를 함께 만들었습니다. 그렇게 우리가 정한 친구와 사이좋게 지내는 법(친구를 잃어버리지 않는 법)의 장면을 완성한 후 작품 게시판에 붙여 오래도록 함께 나누며 마음에 새기기로 했습니다.

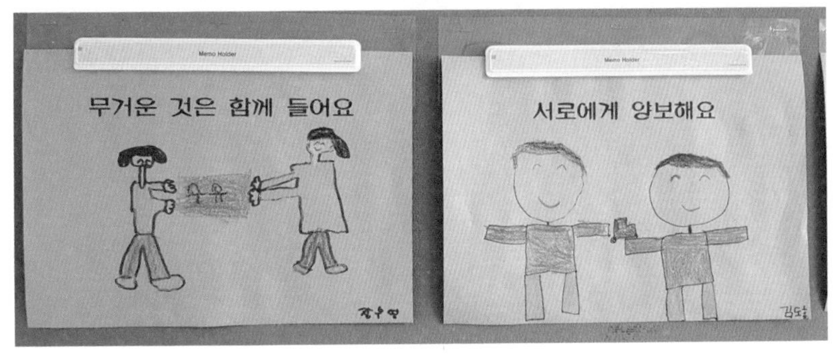

가정에서는 친구와 사이좋게 지내기 위해 꼭 약속할 내용을 장면으로 그려 냉장고나 벽면에 붙여주는 것도 좋습니다. 누군가 지켜야 한다는 규율을 전달받은 것보다 스스로 정한 약속과 규칙의 무게를 아이들은 더 크게 느끼니까요.

함께 하는 이야기

참 이상하죠. 아이들 그림에 배경색이 없으면 꼭 미완성 같아 보이거든요. 그래서인지 그림을 그릴 때면 배경색 칠하는 일이 너무나 힘들고 지칩니다. 저 또한 어릴 적 그 넓은 8절 도화지에 크레파스로 배경색을 채우기가 너무 힘들었던 기억이 있습니다. 그래서 그림 시간이 싫었습니다. 그런 부담을 줄이기 위해 저는 흰 종이보다는 크라프트지를 자주 사용합니다. 배경 색칠에 대한 부담이 줄어 아이들이 그림 그리기에 지쳐하지 않거든요. 소근육 발달을 위한 활동들이 괴로우면 안 되잖아요.

함께 읽은 책

친구를 모두 잃어버리는 방법

친구와 사이좋게 지내는 방법을 역설적으로 풀어낸 책입니다. 친구를 모두 잃어버리는 방법이 아니라 내 곁의 친구를 잘 지킬 수 있는 방법을 함께 찾아보고 꼭 지킬 수 있는 한 가지 약속도 정해보세요.

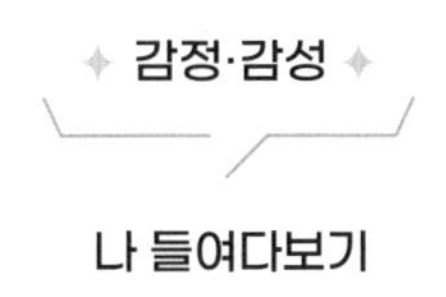

나는 어떤 사람일까?

해마다 아이들을 깊이 알고 싶을 때 함께 읽는 책이 있습니다. 바로 김희경의 『나는요』라는 책이지요. 책에는 다양한 동물들로 자신의 모습을 설명해 놓았습니다. 겁이 많은 사슴, 편안한 공간에서 쉬고 있는 나무늘보, 엉뚱한 상상의 대가 치타 등. 하지만 그 모든 동물은 결국 자신 안의 모습입니다.

이 그림책은 장면을 쪼개어 천천히 읽어 나가는 그림책 중 하나입니다. 어떤 엉뚱한 상상을 하는지, 어떨 때 가장 무서운지, 자신만의 첫 도전 등 장면마다 아이들과 나누는 이야기들이 끝이 없으니까요.

첫 도전이 매운 떡볶이 먹기였다는 아이, 아무도 없는 집에 혼자 들어가는 게 가장 무섭다는 아이, 자기가 학교에 오면 엄마는 뭘 하고 있는지가 가장 궁금하다는 이야기까지. 들려주는 이야기를 듣다 보면 그저 혼자서도 잘 해낸다고 기특하기만 했던 아이들이 안쓰러울 때가 있습니다.

글쓰기가 익숙한 아이들과는 "나는요"라는 제목으로 미니 북 만들기를 하며 아이의 이야기를 깊이 있고 다양하게 들여다보기도 했지만, 오늘은 이제 겨우 학교생활을 시작하는 1학년인 만큼 자신을 소개하는 시간만 가졌습니다.

교실 게시판도 꾸밀 겸 아이들에게 꽃 한 송이가 크게 그려진 종이를 나누어 주었습니다. 가운데는 자기 얼굴을 그리고 꽃잎에는 자신이 좋아하는 것들을 그리라고 했지요. 물론, 뒷면에는 이름도 썼습니다. 그리고 활동이 끝난 후에는 한 명씩 발표를 시작했습니다.

그러자 예상치 못한 반응이 나타나기 시작했습니다. 너무 떨려서 울먹이는 아이들이 생겼거든요.

"애들아. 친구들 앞에서 발표하는 게 떨리고 긴장되는 건 너무나 당연한 일이야. 선생님도 어른이지만 아직도 떨리거든. 그런데 진짜 용기는 두려움을 이길 때 생기는 거래. 떨리고 긴장되는 걸 이겨내고 용기 있게 발표해보자. 하지만 오늘 용기가 조금 부족해서 선생님 도움이 필요하면 살짝 얘기해주세요. 선생님이 함께 읽어주고 도와줄게요."

그렇게 아이들의 발표가 끝나고 퀴즈로 친구를 맞추는 활동도 이어갔습니다. 아이들의 작품 뒷면에 이름을 쓴 이유가 그것입니다. 작품을 보여주며 꽃잎에 그려진 좋아하는 것을 다시 되새겨주듯 이야기해주면 친구들이 그 작품의 주인공을 찾는 겁니다. 작품의 뒷면으로 정답도 확인했지요.

"빰빰 빠라밤. 빰빰 빠라밤. 자 이 친구는 어몽 어스를 좋아한다고 했었지요. 남자아이군요. 누구였을까요?"

아이들 책상 위에 세워진 삼각 이름표를 힌트 삼아 손가락으로 가리켜가며 "이 친구요! 박지우요!"라며 즐겁게 정답을 맞혀 갔습니다.

나에게도 친구들에게도, 아이들 이름과 얼굴을 익히기에 충분한 시간이자 소중한 시간이었습니다.

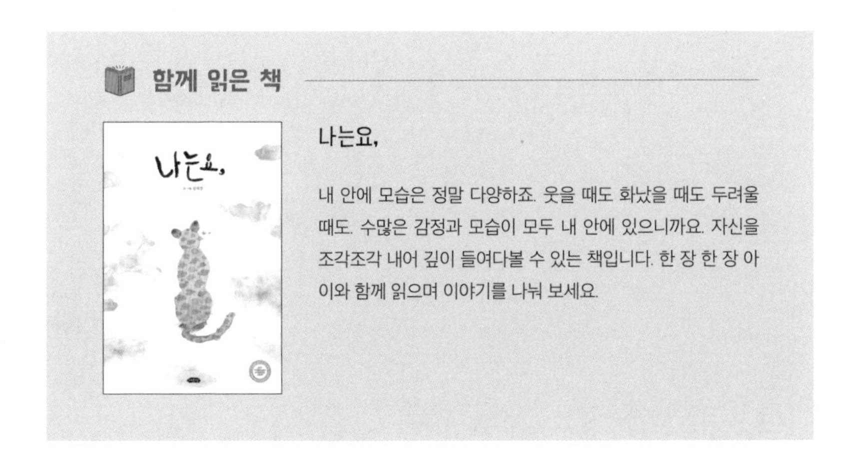

함께 읽은 책

나는요,

내 안에 모습은 정말 다양하죠. 웃을 때도 화났을 때도 두려울 때도. 수많은 감정과 모습이 모두 내 안에 있으니까요. 자신을 조각조각 내어 깊이 들여다볼 수 있는 책입니다. 한 장 한 장 아이와 함께 읽으며 이야기를 나눠 보세요.

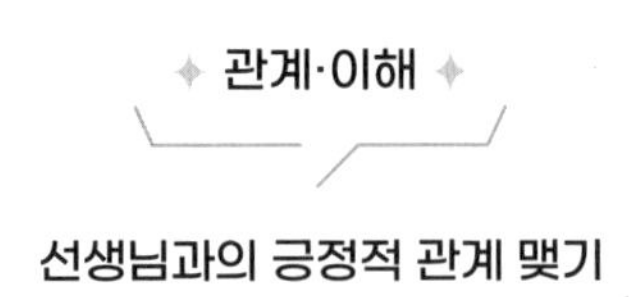

느닷없는 고백

책상 위 꼬깃꼬깃한 종이가 올려져 있었습니다. '이건 뭐지?' 하며 펼쳐 보고는 싱긋 웃음이 납니다. 한글은 참 위대하죠. 삐뚤빼뚤한 모양도, 서로 사맞디 아니한 받침의 조합도 어쩜 이리도 사랑스러울까요.

보노보노 보다 더 귀여운 전화보노입니다.

머리에 포도송이 단 거 아니에요. 저 파마머리에요.

이런 일도 있습니다.

수업을 마치고 하교를 하려는데 갑자기 다은이가 다가와 말하더군요.
"선생님 우리 엄마가 선생님한테 이거 주고 오래요."
주머니 안에 손을 넣고 뭔가를 꺼내려는 듯 뒤적뒤적하기 시작합니다. 바지가 통통한 손을 따라 올록볼록 움직이는 게 여간 귀여운 게 아닙니다.

대체 뭘 주려는 거지?
드디어 찾았다고 웃으며 제게 팔을 뻗습니다.

"짠"

"꺄아악~~모야 모야. 손가락 하트잖아."

생각지도 못한 행동에 저도 모르게 소리를 지르고 말았습니다.

집에 가기 전, 이렇게 귀엽기 있기. 없기. 감동이 밀려옵니다.

어디 이 뿐이겠습니까. 가끔 생각지도 못한 선물도 받습니다.

"선생님 선물이에요."

"이게 뭐야?"

"선생님 꽃다발 줄라고 학교 오는 길에 떨어진 꽃잎 모아서 만든 거예요."

분홍 꽃 한 송이에 잎을 돌돌 감아 꽃다발이라고 내밉니다.

"어머나~이뻐라!"

예쁜 꽃다발에 감탄하고 있는 사이 저와 그 아이 사이로 남자아이 손 하나가 불쑥 들어옵니다.

우리 반 가장 개구쟁이 남학생입니다. 그리고는 세상 무뚝뚝한 말투로 말합니다.

“선생님, 이거 몸에 좋대요” 하며 내민 정*장 홍삼스틱!!

이처럼 아이들은 선생님 마음을 사로잡기 위해 여념이 없습니다. 마치 서현의 『두근두근 1학년 선생님 사로잡기』처럼요. 하지만 이렇게 분주하게 노력하지 않아도 이미 전 아이들에게 사로잡혀 있는데 말이에요.

혹시 아이가 “선생님이 날 좋아하실까?”, “오늘 혼이 났는데, 선생님이 날 싫어하시는 게 아닐까?”라는 고민에 빠져 있다면 꼭 이렇게 말해주세요. 넌 충분히 사랑스러운 아이니까 분명히 예뻐하고 계실 거라고. 혹시 야단을 맞았다면, 오늘 야단을 맞은 건 사랑스러운 아이라 더 바르게 자라도록 가르쳐 주신 거니 너를 미워할 거란 걱정은 절대 하지 말라고요.

아이와 선생님이 긍정적인 관계를 맺을 수 있도록 선생님의 진심과 사랑이 아이에게 온전히 전해져 마음에 가득 채워질 수 있게 가정에서도 늘 함께 도와주시길 바랍니다.

함께 읽은 책

선생님 사로잡기

아이들은 선생님의 사랑을 차지하기 위해 무척 애를 쓴답니다. 바른 자세로 앉아있기, 옆에서 수없이 재잘대기, 양팔에 매달리기 등 자신만의 방법으로 수없이 어필하지요. 그런 아이들의 마음이 잘 담긴 책입니다. 이 책의 뒷부분에는 자신이 어떤 아이인지 알아보고 성향에 따른 선생님과 좋은 관계를 맺는 팁도 있답니다.

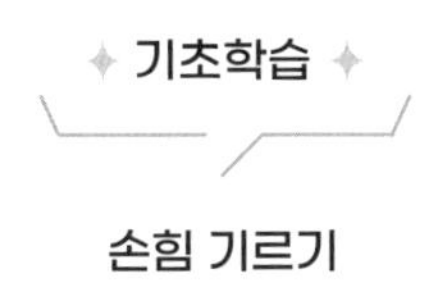

스토리의 힘

한글을 배우고 익히는 첫 단계는 바로 손힘 기르기입니다. 직선도 그어보고 사선도 그어보고 대각선도 그어보고 꼬불꼬불한 선도 그어보지요. 그렇게 다양한 선을 따라 그리고, 또 스스로 그어보며 한글 쓰기 첫 과정인 손힘을 길러 보는 과정입니다.

물론 그 활동 자체로도 아이들은 너무 즐거워합니다. 하지만 그림책과 함께하면 더욱 즐거워지겠지요. 아이들은 단순한 활동보다 스토리가 들어간 활동에 강한 흥미를 보이기 때문입니다. 잡기 놀이라는 놀이 방법을 설명하더라도 "놀래가 도망가고 술래가 잡으러 가요. 하지만 놀래가 그 자리에서 얼음처럼 멈추면 못 잡는 방식이에요"라는 일반적인 설명보다 "옛날에 머리 나쁜 여우와 양들이 살았어. 그런데 이 머리 나쁜 여우가 양을 잡아먹으려고 쫓아다녔지. 양이 열심히 도망가다가 죽은 척을 했더니 여우가 양을 안 잡는 거야. 왜냐하면 여우는 죽은 양은 안 좋아하거든. 머리가 나쁜 여우는 가만히 있으면 죽은 줄 알고 그냥 가버린대. 그럼 오늘 우리가 여우와 양이 되어서 잡기 놀이를 한번 해볼까요? 양이 되어 도망가다가 여우가 잡으러 오면 죽은 척 가만히 있으면 되는 거예요"라고 설명하면 아이들의 집중력은 훨씬 좋아집니다. 이것이 바로 스토리의 힘입니다.

그래서 손힘 기르기 활동은 이승범의 『굴러굴러』라는 그림책과 함께 했습니다. 저학년 아이들에게 가장 인기 있었던 책이었거든요. 앞서 말했었죠? 똥, 방귀 단어만 들어도 아이들은 깔깔대고 즐거워한다고요. 게다가 이 책은 작년 아이들에게 읽어주고 "또 읽어주세요"의 무한 루프 속에 살게 했던 책이기도 합니다.

내용은 이렇습니다. 개미와 친구들이 소풍 가서 간식을 먹다 개미가 친구들에게 뭐든지 작겠다고 놀림을 받게 됩니다. 화가 난 개미가 발을 쿵쿵 굴러 개미의 똥이 아래로 아래로 굴러 내려가는 이야기지요. 역시 아이들은 읽어주는 내내 깔깔 넘어갑니다. 왜냐구요? 굴러 내려오는 똥을 보며 놀라는 동물들의 표정이 리얼하기 때문입니다.

그렇게 즐겁게 책을 함께 읽은 후에는 손힘 기르기 활동을 이어갔습니다.

"개미와 친구들이 소풍 갔던 곳이 어디죠?"

"산이요."

"산으로 올라가는 길은 이런 오르막 모양이었지요? 선생님 따라 비스듬한 선을 여러 번 그려보세요."

"친구들이 놀렸을 때 개미는 어떤 기분이 들었을까요?"

"기분이 나빴어요."

"그래요. 마음이 이렇게 뾰족뾰족 했을거예요."

입으로 뾰족뾰족 소리를 내며 열심히 따라 선을 그렸습니다.

"그럼, 개미 똥이 굴러 내려올 때 어떤 모양으로 굴러왔을까요?"

"데굴데굴이요."

"맞아요. 이렇게 똥글똥글 굴러왔을 것 같아요. 똥 내려온다~ 데굴데굴데굴"

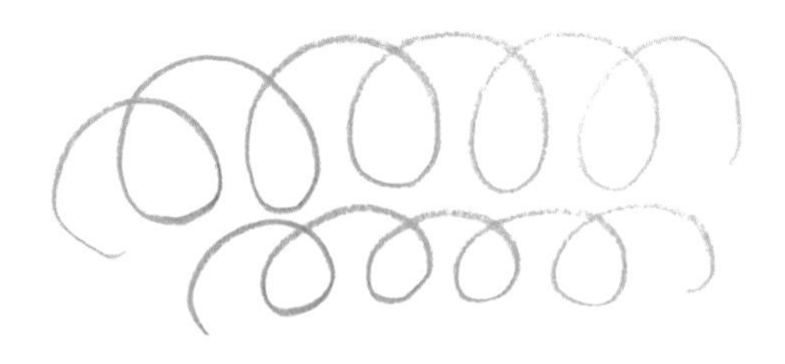

이번에는 입으로 데굴데굴데굴 소리를 내며 따라 하더니 갑자기 한 아이가 질문을 했습니다.

"선생님 뒷장으로 넘어가도 돼요?"

"응. 당연하지. 그런데 우진이 개미 똥은 멀리도 굴러갔나 보네."

"으하하하."

"나도 굴러가야지."

"난 이만큼 굴러갔어."

아이들은 똥 멀리 굴리기 대회라도 하는 듯 경쟁이 붙었습니다. 으아악. 이러다 공책 다 쓰겠습니다. 서둘러 다음 내용으로 넘어가야겠습니다.

"친구들이 물에 빠졌을 때 파도가 쳐서 물이 어떻게 움직였을까?"

"출렁출렁이요."

"맞아요. 이렇게 구불구불 출렁출렁했을 것 같아요. 출렁출렁 선도 선생님 따라서 선을 여러 개 그려보세요."

다행히 아이들이 다시 차분해졌습니다.

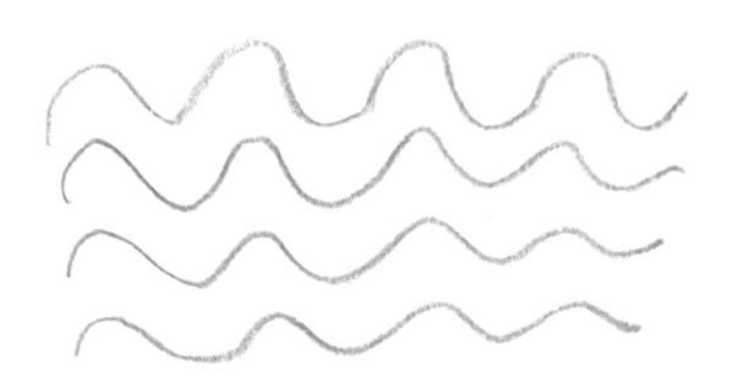

"얘들아, 그러면 굴러오는 똥은 어지럽지 않았을까? 뱅글뱅글 어지러운 모양도 그려볼까? 뱅글뱅글 아이고 어지러워라."

"선생님 술 취한 사람 같아요."

"으하하하."

"아니야. 어디 부딪혀서 머리가 땡~ 하는 거 같아."

"맞아. 머리가 띵 하는 거 같아."

즐겁게 활동하고 싶어 이야기를 담아 활동을 했더니 아이들이 너무 흥분해 버렸습니다. '그래. 오늘을 맘껏 즐기거라. 대신 글씨 쓰기는 차분한 마음으로 시작하는 거야.'

함께 하는 이야기

공책과 스케치북은 아이들의 활동이 자연스럽게 모을 수 있는 포트폴리오입니다. 낱장의 종이를 활용하는 것보다 공책을 활용해주세요. 그리고 아이들이 공책을 사용할 때 앞에서 차례차례 사용하기보다는 펼쳐서 나온 면에 순서 없이 쓰는 경우가 많습니다. 처음에는 다소 시간이 걸리더라도 아이들 공책을 앞에서부터 순서대로 사용하고 있는지 돌아보며 펼쳐주는 것이 좋고, 한글 쓰기 공책을 따로 마련해 두어서 부모님이 함께 차례차례 펼치며 쓰고 그리면 더 좋습니다. 아이들은 제 공책과 지도하시는 분의 공책이 함께 똑같이 만들어져가는 것에 즐거움을 느낍니다.

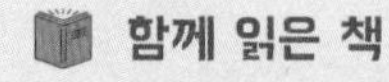

굴러 굴러

손힘 기르기 활동뿐 아니라 놀림 받은 친구의 마음을 헤아려 볼 수 있는 그림책이기도 합니다. 작은 보드북이지만 인물들의 표정이 잘 표현되어 있어요. 놀림 받은 친구의 마음이 어땠을지도 함께 이야기도 나눠 보세요.

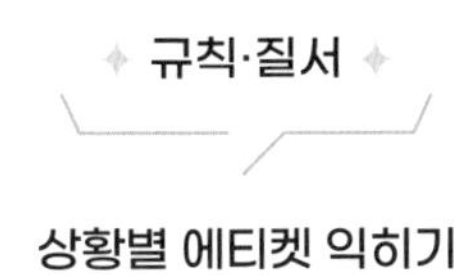

상황별 에티켓 익히기

전화위복

『초등학교 1학년 열두 달 이야기』라는 책에서 한희정 선생님은 이런 말씀하셨습니다. 아이러니하게도 1학년 선생님의 화장실 가는 시간은 쉬는 시간이 아닌 수업 시간이라고 말입니다. 자유롭게 뛰어다니고 장난치는 쉬는 시간에는 아이들에게서 잠시도 눈을 뗄 수 없기에, 오히려 조용히 자리에 앉아 각자의 활동에 집중하고 있는 수업 시간. 그 시간에 잠시 짬을 내어 화장실을 다녀오는 것이 아이들 안전을 위한 최선의 시간이라고 말입니다.

아이들이 활동지를 해결하고 있는 틈에 잠시 볼일을 보러 가야겠습니다.

"얘들아. 선생님 잠시 화장실 다녀올 테니 열심히 활동하고 있으세요."

"네~."

행방을 알리지 않으면 저를 찾아서 온 데를 다닐 것이 뻔하여 항상 알리고 가는 편입니다. 다행히 교실 바로 앞이 화장실입니다.

잠시 후, 1분도 채 되지 않은 시간에 화장실에서 아이들 목소리가 들립니다.

"선생님. 저 다했어요."

뒤이어 다른 친구의 목소리도 들립니다.

"예원아. 선생님 어느 칸에 있어?"

"여기야, 여기. 이 쪽에 있는 것 같아."

칸막이 안에서도 느낄 수 있었습니다. 아이들이 검사를 받겠다고 제 화장실 칸 앞으로 줄을 서고 있다는 것을요. 한숨이 절로 나오지만, 오늘은 잘 됐습니다.

"아이고, 잘 됐다. 예원아. 화장지 좀 떼서 선생님 문 밑으로 좀 넣어줄래?"

"키득키득. 여기요. 이만큼 됐어요?"

철이 없었죠. 급하다고 화장지가 있는지 확인도 안 하고 볼일을 봤다는 자체가.

그런데 얘들아. 화장실까지 따라와서 검사받을 필요는 없잖니?

아이들에게 장소마다 지켜야 하는 기본적인 에티켓을 가르쳐 줄 시간이 왔습니다. 사실 제가 어릴 적에는 '동네 목욕탕에서 선생님을 만나면 인사를 해야 할까, 하지 말아야 할까'가 일생일대의 고민이기도 했었지요. 그런데 4학년 때 담임 선생님께서 한 방에 해결해주셨습니다. 공중목욕탕에서 본인을 만나거든, 벌거벗은 채로 달려와 허리를 숙이고 "안녕하세요. 선생님"이라고 인사하지 말아달라고요. 그저 눈이 마주치면 부끄러운 곳을 살짝 가린 채 눈인사만 하자고요. 그걸로 충분하다는 이야기를 듣고는 그간의 고민이 해결되어 속이 시원했습니다.

그렇다면 여기서 잠깐, 돌발 퀴즈를 하나 내겠습니다.

도서관에서 책을 읽고 있는데 갑자기 악당이 나타나 밧줄로 씌우고는 당장 끌고 가겠다고 합니다. 이럴 땐 어떻게 해야 할까요?

도망간다? 소리지른다? 아닙니다.

정답은 "조용히 살금살금 걸어 나간다"입니다.

왜냐고요? 도서관이잖아요. 재미있지요? 사실, 이 이야기는 여러 가지 때와 장소에 따른 에티켓을 유쾌한 이야기로 알려주는 모리스 샌닥이 그림을 그린 『어떻게 해야 할까요?』에 나오는 내용입니다. 밧줄에 묶인 채 살금살금 도서관을 빠져나가는 익살스러운 그림을 보며 얼마나 웃었는지 모릅니다.

아이들과 읽을 때는 상황별 에티켓을 생각하며 다음 장면의 정답을 맞춰가면서 책장을 넘겼습니다. 그렇게 책을 함께 읽은 후에는 화장실 예절까지 덧붙였습니다.

이쯤이면 아이들도 화장실까지 검사받으러 오지는 않겠지요. 에티켓 벨까지 설명했으니 말이에요.

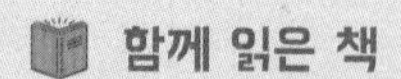

어떻게 해야 할까요?

말도 안 되는 상상의 장면이지만 그 속에서 지켜야 하는 기본적인 예절이 담겨있습니다. 상상도 못 한 이야기들로 배꼽 잡을 준비 하셔야 할 것 같아요. 아이들과 다음 장면에서 알려줄 정답을 맞혀가며 함께 읽어보세요.

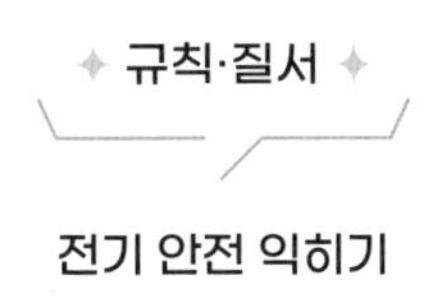

전기 안전 익히기

찌릿찌릿의 시그널

저는 평소 스웨터를 즐겨 입어서인지 정전기가 많이 나는 편입니다. 오늘도 아이들 가까이에서 스치기만 해도 찌릿찌릿 정전기가 자꾸 일어나는 거예요. 수업에 잘 집중하지 못하고 자리에 앉아있지 않은 친구의 손을 잡고 제자리로 돌아가려는데 그 아이의 손을 잡는 순간 또 찌릿합니다.

"앗 따거."
"미안해. 선생님이 자꾸 정전기가 나네. 오늘따라 왜 이러지?"

옆에서 친구 한 명이 제 말을 듣고
"선생님. 우리 엄마가 그러는데요. 정전기는 좋아해서 그렇대요."
"아 정말?"

"네, 선생님하고 나하고…."

몸을 살짝 꼬며 작은 손가락으로 저와 자신을 번갈아 가리키더니 씨익 웃어줍니다.

"그래. 나도 사랑해."('근데 지윤아, 정전기는 이 친구랑 생겼는데….')

살짝 찌릿한 정전기도 이렇게 따갑고 불편한데 전기는 어휴~ 게다가 호기심 많은 아이들이 길쭉한 걸로 어디를 쑤시고 다닐지도 모르는 일이니. 전기 안전에 대한 교육이 필요한 때입니다.

학교에서는 '안전한 생활'이라는 교과로 매주 1회 안전수업이 있습니다. 그러나 종종 수업을 위해 함께 하는 영상자료를 아이들이 무섭다며 시청을 힘들어하는 경우가 있습니다. 그런 영상의 대부분은 위험한 상황의 실제 현장을 담았거나 위험성을 알려주기 위한 실험 또는 현상을 재연한 자료들이었습니다.

떠올려 보면 동화를 친숙히 해주겠다고 보여준 EBS 원작 동화인 어린이 드라마를 볼 때에도 어른이 보기엔 그리 긴장되지도 않는 상황인데 뒤에 깔리는 배경음악과 함께 들킬까 말까 한 상황에 아이들은 손을 움켜쥐기도 했습니다. 5학년 아이들임에도 불구하고 못 보겠다며 교실 문을 나가 빼꼼히 고개만 내민 친구도 있었지요. 같은 상황도 어른과 아이들이 받아들이는 것은 너무나 달랐습니다. 역시 시청 연령 제한이 괜히 있는 게 아니었습니다. 아직 어린 아이들에게는 제공되는 영상의 수위에 따라 날카롭게 각인되어 오히려 끔찍한 트라우마를 남길 수도 있는 일이니까요. 안전교육도 어느 정도 정제되어 순화된 이야기로 다가가는 것이 중요했습니다. 그래서 아이들 눈높이에 맞춰 오수연의『전기안전동화 찌릿찌릿 귀신이 나타났다』를 함께 읽었습니다.

크리스마스이브의 이야기입니다. 잠든 두 아이를 보고 엄마 아빠는 데이트를 나가지요. 두 아이는 엄마, 아빠가 집을 나서자 일어나서 신나게 놉니다. 토스트를 구워 먹겠다며 젓가락으로 토스트 기를 쑤시고, 젖은 손으로 머리를 말리는 등 위험한 행동이 계속됩니다. 그러다 전기가 밖으로 새어 나오는 누전현상때문에 찌릿찌릿 귀신의 등장하는 바람에 밖으로 뛰쳐 나 온 아이들. 지나가던 할아버지의 도움으로 전기 안전에 대해 하나하나 설명 들으며 배우는 이야기인데요. 아이들은 할아버지의 정체를 알고 깜짝 놀라기도 하지요.

책을 통해 전기 안전뿐 아니라 교실에서 지켜야 할 또 다른 안전 수칙도 함께 배웠습니다. 왜 뛰어다니면 안 되는지, 왜 가방을 제자리에 예쁘게 걸어 두어야 하는지 말이지요.

"교실은 너희들을 지켜주는 가장 안전한 곳이기도 하지만 한편으로는 가장 위험한 곳이기도 해. 좁은 공간에 딱딱한 책상들이 많이 모여 있거든. 넘어지면 부딪힐 수밖에 없다는 뜻이기도 해. 그러니까 나와 친구들의 안전을 위해 스스로 조심하고 노력해 줘야 한단다. 절대 교실에서는 뛰어다니면 안 돼. 전기선을 함부로 만져서도 안 되고. 알겠지?"

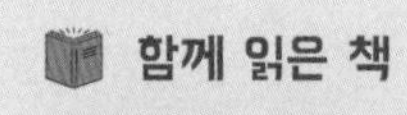

전기안전동화 찌릿찌릿 귀신이 나타났다

『전기안전동화 찌릿찌릿 귀신이 나타났다』는 아이들의 전기 안전에 도움이 되는 책이에요. 그림책과 함께 제공되는 CD 자료와 워크북 자료를 활용해 아이들과 전기안전에 대해 함께 익혀 보세요. 무서운 찌릿찌릿 귀신에게서 아이들을 지켜주기 위해 전기 안전을 설명해주셨던 할아버지는 과연 누구였을까요.

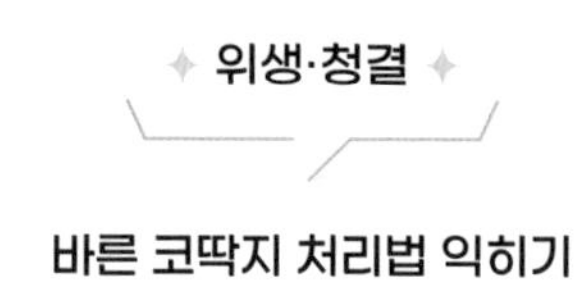

바른 코딱지 처리법 익히기

안녕? 코딱지

아침 독서 시간, 책을 읽다 무심코 고개를 들었습니다. 그런데 이게 웬 일입니까? 자그마한 남자아이 한 명이 마스크를 살짝 내리고는 두 손가락으로 콧구멍이 터지도록 쌍 코딱지를 후비고 있는 것이 아니겠습니까?

그렇게 생생한 코딱지 발굴 현장에서 우리는 서로 눈이 딱 마주쳤고, 민망해하는 저와는 달리 그 아이는 태연하게 입으로 손가락을…. 꺄아악!! 오 마이 갓!

그래서 서둘러 펼친 그림책은 바로 상상인의『코딱지가 보낸 편지』입니다. 아이들은 코딱지라는 말만 들어도 깔깔 넘어갔습니다. 표지를 보자마자 한마디씩 던집니다.

"우엑!"

"더러운데 귀여워."

"진짜, 맞아. 더러운데 귀엽다. 히히…."

표지에 그려진 코딱지 캐릭터가 귀여워 보였나 봅니다. 그렇게 코딱지의 편지를 읽어 내려갔습니다. 책 속에서 코딱지는 자신을 꺼내어 어떻게 하는지 기억하냐고 물어보지요. 아이들은 "먹는다, 바지에 닦는다, 만지작거린다…" 등 자신들의 습관을 이야기하며 뒷이야기를 추측했습니다. 책 속의 코딱지는 자신의 정체는 먼지와 콧물이 섞인 덩어리라는 고백을 한 후 보들보들 휴지로 감싸질 때 기분이 너무 좋다며 그 휴지를 타고 여행을 가고 싶다고 했습니다.

"알라딘이야 뭐야? 양탄자처럼 휴지 타고 여행 가잖아."

"어디 가는 거예요?"

아이들은 코딱지가 어디로 가는지가 너무 궁금한 모양이었습니다.

책을 다 읽고 나서는 아이들에게 코딱지가 우리에게 편지를 보냈으니 우리도 답장을 써보자고 했습니다. 그렇게 답장을 쓰는 활동을 시작했고 앞으로는 코딱지를 보들보들한 휴지에 싸서 버리겠다고 아이들과 약속하며 수업을 마무리했습니다.

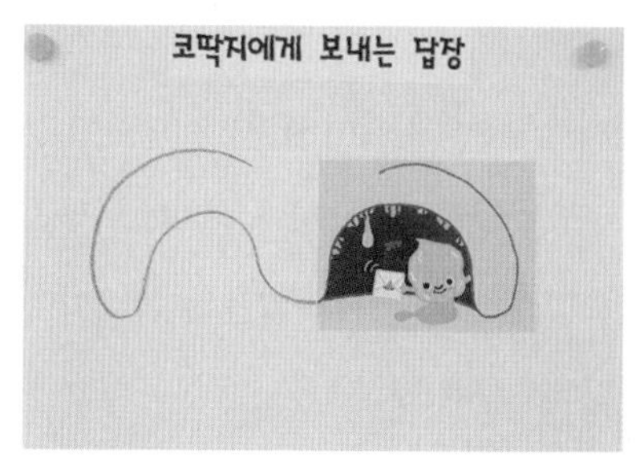

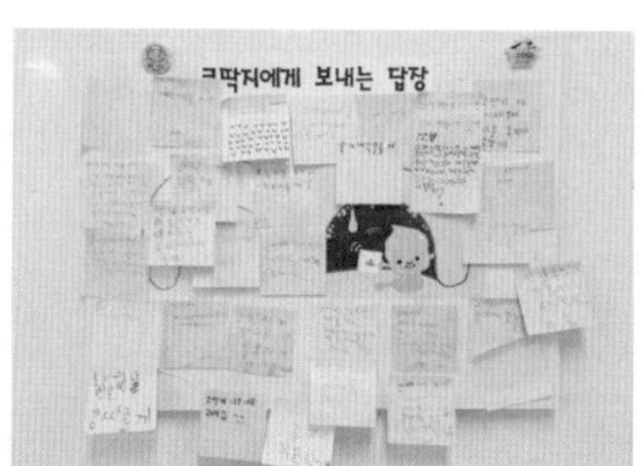

내용을 살펴보면

안녕 코딱지야
아랐어 나도
아프로는
휴지에버려
줄게.

안녕
너는 코쏙에서 무슨 일을
하니? 그리고 어디 여행
을 갈 거니? 코딱지야
니가 없서도 괜찮아 너마
음에는 네가 있으니까

보들보들 휴지에
너를 보내줄께 ^^

코딱지야 안녕?
일단 편지 줘서
고마워 나도 편지 나도 줄
게 넌 휴지타고 어디가는건
좋니?

이 세널 맘더 그개 아개지?
코딱지가 마래여요 안녕 나는
코딱지라고해 어? 코딱
지가 마라네? 어! 코딱지
는 다연이 마래! 끄!
다음탐?

이제 널 안 먹을게 알겠지? 코딱지가 말했어요. 안녕 나는 코딱지라고 해. 어? 코딱지가 말하네? 어! 코딱지는 당연히 말해! 끝! 다음탐? (해석불가)

가끔 암호해독능력이 필요하기도 합니다. 하지만 아직 역량이 부족합니다.

함께 하는 이야기

제 암호해독능력에 놀라셨나요? 글쓰기에서 맞춤법을 많이 틀리는 아이들이 있습니다. 저 아이는 유독 알아듣지 못할 정도로 많이 틀렸습니다. 하지만 어떻습니까? 부족하지만 자신의 생각을 거침없이 모두 써 내려가고 있지 않나요? 아직 배워가는 과정이기에 맞춤법은 크게 걱정하지 마세요.

맞춤법보다는 아이들의 생각을 자유롭게 표현할 수 있도록 두세요. 맞춤법은 국어 시간에 다시 정확히 배우고 익히면 되니까요. 정말 자유롭게 생각의 꼬리에 꼬리를 무는 아이의 표현이 그대로 보여 너무 이쁜 글입니다. 맞춤법에 맞춰 글을 자꾸 고쳐주면 아이의 표현의 역량이 줄 수밖에 없습니다. 틀릴까 봐 두려워하고, 부끄러워하는 마음은 글조차 움츠려 들게 만들어요. 실제로 아이에게 한 번은 "이건 뭐라고 쓴 거야?"라고 물었더니 그 자리에서 바로 그 문장을 지워버리고 말았습니다. 저 역시 어릴 적 한글 학습이 느려서 일기를 쓸 때마다 쓰고 싶은 말과 단어를 정확한 글자가 생각나지 않아 다른 낱말을 선택해서 둘러둘러 글을 썼고 급기야 문장을 짧게 쓰고 끝냈던 기억이 있습니다. 아이들의 표현을 맞춤법이 방해되지 않도록 글쓰기 시간만큼은 마음껏 써 내려갈 수 있도록 모든 것을 허용해 주세요.

함께 읽은 책

코딱지가 보낸 편지

코딱지는 무엇으로 만들어졌고 어떻게 처리해야 하는지 코딱지의 입장에서 알려주는 책입니다. 아이들은 뭐든 의인화되어 대화가 시작되면 마음을 나누어 주기 시작합니다. 아마 이 그림책을 읽고 나면 자신의 건강보다 코딱지를 위해 노력하기 시작할 겁니다.

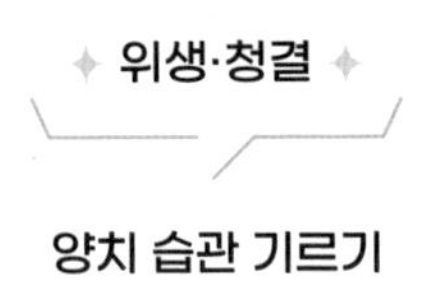

양치 습관 기르기

무찌르자 충치 요괴

받침 글자를 배우는 시간입니다.

"얘들아, '간식' 해보세요."

"간식"

"간이라고 할 때 혀가 앞니 뒤쪽에 붙어야 돼요. 간~"

그렇게 목에 핏대를 세우며 열강을 하고 있는데 한 아이가 나와 마스크를 슬쩍 내리더니 이야기합니다.

"선생님. 저는 앞니가 다 빠지고 없어서 혀가 붙을 데가 없어요."

오모나.

훌러덩 앞니 두 개가 다 빠지고 그 사이로 혓바닥이 요리조리 숨바꼭질

중입니다. 이가 없는 게 어쩜 이리도 귀여울까요.

"나도 이 빠졌는데."
"나도 없어요."
"나는 어제 치과 갔는데 이 썩어서 치료했어요."
"나도 썩은 거 있는데."

역시 한 마디면 백 마디가 오고 가는 교실입니다. 하지만 그 속에서 이가 썩었다는 이야기가 귀에 쏙 들어옵니다. 코로나19로 인해 학교에서는 이 닦기를 시행하고 있지는 않습니다. 칫솔의 물기를 털어낼 때 여기저기 튈 가능성이 있고, 좁은 곳에서 입을 헹굴 때 여러 명이 마스크를 벗어야 한다는 다양한 상황으로 인해서 말이지요. 하지만 올바른 양치법은 가르쳐야겠습니다.

양치 교육을 위해 김명희의 『충치 요괴』를 함께 읽었습니다. 빨갛게 부은 볼을 붙잡고 아파하는 주인공의 표정이 그려진 표지부터 아이들은 흥미를 보입니다. 또 저마다 이 썩은 이야기, 이 빠진 이야기가 또 시작됩니다. 하지만 끝없는 아이들의 이야기를 듣고만 있을 수는 없습니다. 아이들의 이야기를 뒤로하고 책을 읽기 시작했지요. 충치 요괴들이 간식을 좋아하는 아이의 이에 남은 찌꺼기들을 먹으며 살아가는 내용입니다. 충치 요괴들은 더 많은 찌꺼기를 먹기 위해 이에 구멍을 냈고, 더 큰 구멍을 내기 위해 이를 공격하기도 했지요. 튼튼이 삼총사인 칫솔, 치약, 치실의 사용법도 함께 설명해주더군요.

스스로 칫솔질을 해야 하는 나이이기에 책을 읽고 난 후 커다란 이 모형을 앞에 두고 책에서 소개된 폰즈법으로 앞니부터 어금니까지 둥글게 쓸어 닦아 보는 연습을 차례로 해보았습니다. 이 안쪽과 혓바닥까지 깨끗이 닦아 내는 방법을 차근차근 설명해주었지요. 튼튼이 삼총사도 기억하며 충치 요괴를 물리치는 방법을 스스로 실천하고 익히는 시간이었습니다.

얘들아, 오늘 이렇게 열심히 연습해 보았으니 집에서도 개운하게 이 잘 닦을 수 있지? 충치 요괴들이 남아있지 않도록 말이야.

 **함께 읽은 책**

충치요괴

아이들과 양치질을 할 때면 늘 외쳐주세요. "자, 튼튼이 삼총사 출동이야. 충치 요괴들은 어디 숨었지?"라고 말이에요. 그러면 아이들은 입을 크게 벌리고 "여기 있습니다!"라며 손가락으로 여기저기를 가리킬 거예요. 아이들과 즐겁게 양치할 수 있는 놀이거리를 만들어 주는 책이기도 합니다.

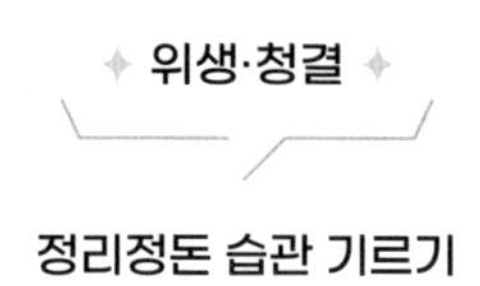

곳곳에 숨어 있는 응원 메시지

아이들이 집으로 돌아가고 혼자 교실에 남은 제가 가장 먼저 하는 일은 바로 교실 청소입니다. 물론 아이들이 직접 청소를 하고 갑니다. 분명 청소를 하고 가는 것이 확실합니다. 쓰레받기 먼지도 확인했으니까요.

그런데 신기하게도 아이들이 사라진 교실은 숨바꼭질하듯 보이지 않던 종잇조각과 먼지와 떨어뜨린 물건들이 바닥에 널브러져 있습니다. 분명 줄 맞춰 있던 책상도 여기저기 흩어져 있고요.

그렇게 혼자 조용히 교실 청소를 하다 보면 아이들이 흘리고 간 물건들을 종종 만납니다. 책상 옆, 의자 다리 사이, 사물함 앞…. 물건들을 하나하나 줍다 보면 미소가 절로 지어집니다. 연필에 새겨진 어머니의 따뜻한 메시지, 빗자루를 수놓은 응원 한마디를 만나게 되니까요.

애들아, 너희가 흘린 것은 그냥 물건이 아니야. 엄마의 따뜻한 마음이야. 앞으로는 더 잘 챙기도록 노력하자.

정리정돈. 생각보다 너무 어렵죠? 활동 후면 바닥에 뒹구는 색연필들. 필통에서 사라지는 연필들. 이럴 때는 아이들과 함께 읽으면 좋은 책이 있습니다. 지니 비니 시리즈의 이소을의 『스스로 척척』이지요.

저는 그 속에서 학용품들이 꾸는 꿈이 마음에 와닿았습니다. 실수를 고치는 꿈을 꾸는 지우개와 희망을 쓰는 꿈을 꾸는 연필의 이야기입니다. 정리정돈을 잘해야 하는 이유가 또 하나 더 생긴 거지요. 무엇이든 아끼고 잘 관리해야 하는 이유를 찾으며 아이들과 함께 읽어보세요.

함께 하는 이야기

정리정돈도 배움입니다. 다른 학습 후 남은 시간에 하는 것이 아니라 정리정돈 자체가 학습 시간이 되어야 한다는 뜻입니다. 필통 정리 방법, 책상 정리 방법, 내 방 정리 방법 등을 하나씩 차근히 배우고 실천할 수 있는 넉넉한 시간을 마련해 주세요.

함께 읽은 책

스스로 척척!

《지니비니 시리즈》는 아이들 바른 습관과 관련된 이야기가 많습니다. 모든 사물이 의인화 되어있는 특징도 있지요. 그림 속에서 숨어 있는 지니 비니를 찾는 재미도 있답니다. 아이들과 함께 읽은 후 뒤죽박죽 엉망진창별이 되지 않기 위해 아이들 스스로 정리할 수 있는 습관도 길러주세요. 아이들이 할 수 있는 역량만큼 작은 구역을 정해주는 것도 좋습니다.

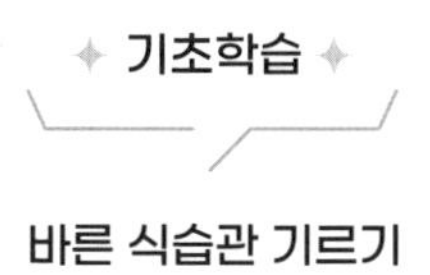

바른 식습관 기르기

애교작전

혹시 급식 시간, 아이들이 가장 힘들어하는 메뉴를 아시나요? 바로 비빔밥입니다. 물론 개인차가 있겠지만요. 싫어하는 채소들이 이리저리 섞여 있어 도무지 가려낼 수 없는 난감함. 오늘은 특급 애교 작전이 펼쳐집니다. 검지를 볼에 갖다 대고 눈을 껌뻑이며 말합니다.

"떤땡님 오늘만 남기면 안될까욤?"
밥 먹는데 선생님 녹이기, 있기? 없기?

학교에서는 아이들의 편식 지도가 힘든 편입니다. 아동 인권 문제로 인해 싫어하는 반찬을 억지로 먹일 수는 없으니까요. 그래서 처음 보는 반찬도 한 번쯤 맛볼 수 있도록 권해 보는 정도입니다.

별다름·달다름의 『브로콜리지만 사랑받고 싶어』에서 브로콜리는 아이들이 싫어하는 채소 1위에 뽑혔다는 사실을 우연히 듣게 됩니다. 그 사실을 알게 된 브로콜리의 기분은 어땠을까요? 밤새 울던 브로콜리는 아이들이 좋아하는 음식인 소시지와 라면을 따라하며 인기를 얻으려 했지만 아무 소용이 없습니다. 마음이 상한 브로콜리는 급기야 떠나겠다며 말리지 말라고 소리치지요. 하지만 주변에서는 그조차도 관심을 가지지 않았습니다. 떠나기 전 작은 이별 선물이라며 남기고 간 브로콜리 스프를 먹게 된 한 아이의 즐거운 반응에 행복해하며 떠났던 길을 다시 돌아온 브로콜리. 그렇게 사랑받는 브로콜리가 된답니다.

그림책 속의 꿈같은 이야기가 아닌 정말로 브로콜리를 사랑해주기 위해 아이들과 책 속 레시피를 따라 해보는 건 어떠세요? 그렇게 싫어하던 브로콜리지만 부모님과 함께 즐겁게 요리하며 완성한 환상적인 브로콜리 스프는 맛있게 먹을지도 모르잖아요.

함께 읽은 책

브로콜리지만 사랑받고 싶어

싫어하는 채소를 접하는 방법은 아이들이 직접 만지고 손질하며 함께 요리한 음식을 먹어보는 것도 좋은 방법이라고 합니다. 여러 가지 채소를 넣은 피자도 만들어보고, 김밥도 돌돌 말아보세요. 그렇게 싫어하는 채소를 조금씩 조금씩 양을 늘려가며 편식을 고쳐가 보는 겁니다. 맛보지 못했던 음식의 매력을 찾아가며 나에게 필요한 영양소를 골고루 섭취할 수 있도록 말이에요.

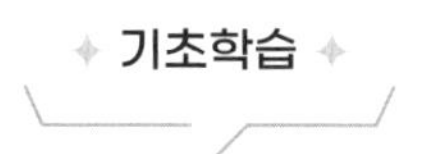

스마트기기 사용 시간 정하고 실천하기

새로운 습관

요즘 새로운 습관이 하나 생겼습니다.

아이들 하교할 때 발을 보며 인원수를 세는 습관. 실내화를 신고 집에 가는 아이들이 종종 있어 생겨버린 습관입니다.

그런데, 모두가 그런 것은 아니지만 이런 아이들의 시선을 따라가다 보

면 꼭 그 길 끝에는 스마트폰이 있습니다. 본인이 게임을 하고 있거나 친구가 하는 것을 함께 보거나. 참 이상하지요. 내내 딱지치기로 땀을 흘리고 그렇게 즐겁게 뛰어놀다가도 학교 일과가 끝나자마자, 기다렸다는 듯이 스마트폰을 켜니까요. 마치 안드레 카힐류의 『눈이 바쁜 아이』처럼 말이지요.

그림책 속 아이는 재미있는 핸드폰 세상에 푹 빠져 늘 눈이 바쁩니다. 그 바쁜 눈동자가 늘 한 곳만 향하는 것이 문제이지요. 눈동자에 비친 화려한 색깔의 선들이 마치 빠르게 지나가는 스마트폰 속의 영상과 정보들이 춤을 추듯 움직이는 것처럼 느껴집니다. 어쩌면 오랜 시간 영상을 보느라 피로에 지친, 충혈된 눈을 표현한 것일지도 모르고요. 눈이 바쁜 아이는 그렇게 작은 세상만 바라보고 있습니다.

코로나 19 이후로 아이들의 일상은 너무 많은 변화가 일었습니다. 학교 수업부터 과제, 여가 활동까지 스마트 기기가 차지하는 비율이 더욱 높아졌기 때문이지요. 게다가 이제는 공부와 여가 활동을 구분하기도 힘들어졌습니다. 아이가 원격 수업을 듣고 자료를 찾기 위해 스마트 기기를 사용하고 있는지, 휴식을 위해 게임을 하고 있는지, 친구와 과제 협의를 위해 문자 메시지를 주고받고 있는지 단순한 수다로 메시지를 주고받고 있는지 당최 알 수가 없으니까요. 그렇다고 일거수일투족을 지켜볼 수도 없고 말이지요.

하지만 그대로 내버려 둘 수도 없습니다. 『눈이 바쁜 아이』처럼 작은 기계 세상 말고 주변의 넓은 바깥세상과도 만날 시간을 줘야 하니까요. 스스로 자제하는 것이 힘든 아이일수록 더욱 주변에서 도와줘야 합니다.

스마트폰 사용 시간을 아이와 의논하여 함께 정해보세요. 아이의 상황과 성향을 고려하여 적절한 사용 시간이 되도록 말이에요. 그렇다고 어떤 부모님께서는 약속 시간을 정했다며 시간이 지나면 자동으로 핸드폰 사용이 차단되는 프로그램을 깔기도 하시더군요. 하지만 마무리할 시간도 없이 한 창 집중하고 있는 활동이 갑자기 꺼져버리면 어떤 마음이 들까요? 두근두근 다음 장면을 기다리며 집중하던 드라마를 누군가 갑자기 채널을 돌려버렸다거나, 이것만 마무리하면 끝이라며 열심히 일하는 컴퓨터 화면이 갑자기 꺼져버렸을 때 바로 그때의 기분 아닐까요? 아이들과 스마트폰 사용 시간의 약속을 정하셨다면 집중하고 있던 활동을 스스로 마무리할 수 있는 시간도 주시는 것이 좋습니다. 사용 시간이 몇 분 남았는지 알려주시는 예고제나 알람 소리를 통해 스스로 정리할 수 있게 하는 것이 더 효과적이겠지요.

이제 아이들의 흥밋거리와 재밋거리를 내려놓게 하셨으니 또 다른 즐거움도 마련해주셔야 합니다. 핸드폰을 내려놓는 순간, 해야 할 일이 공부라면 어떤 마음일지 상상이 되시지요? 작은 세상이 아닌 큰 세상에서도 즐거움이 있다는 것을 알게 해주세요. 보드게임부터 몸 놀이까지 함께 놀거리를 준비하고 아이들을 맞아주시길 바랍니다. 부모님도 함께 노력하지 않으면 스마트 기기를 이겨낼 수 없습니다.

함께 읽은 책

눈이 바쁜 아이

아이들은 그저 멍하니 일방적으로 송출되는 영상에 삶의 시간을 빼앗기고 있을 때가 많습니다. 가끔은 휴식을 위해 필요한 시간이기도 하지만 오래 지속 되면 문제겠지요. 그런 영상은 서로 소통할 수도, 상호작용도 되지 않으니까요.

이제는 아이들에게 작은 상자 속의 세상이 아닌 직접 만지고 경험할 수 있는 더 재미있는 세상을 안내해주세요. 눈이 바쁜 아이를 함께 읽고 우리가 기다렸던 시간을 함께 이야기하면서 말이에요.

제2부

좋아,
잘하고 있어

_학교생활 적응하기

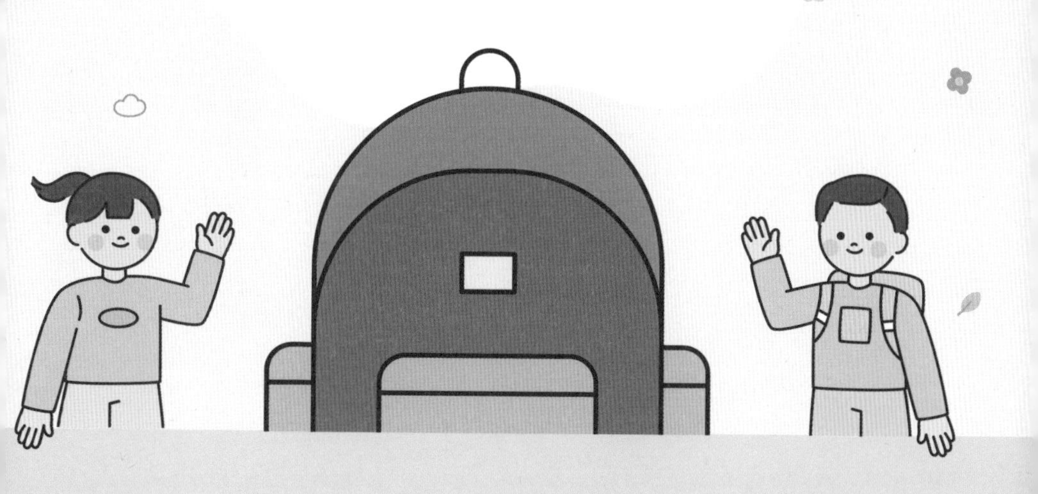

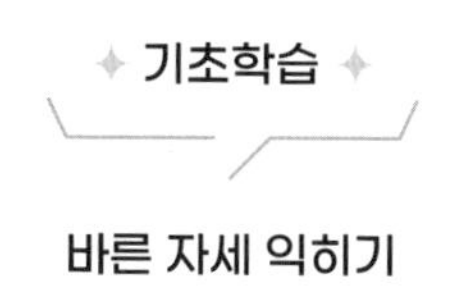

기초학습

바른 자세 익히기

삐뚜로 빼뚜로

나른한 주말 저녁, 가족끼리 TV 앞에 옹기종기 모여 앉아있습니다. 각자 세상 가장 편한 자세로 소파를 점령하고 있겠지요. 여기서 잠깐, 자녀분은 어떤 자세를 취하고 있나요?

학교에서도 자세가 바르지 못한 친구들이 많습니다. 엉덩이를 쭉 뺀 채 기대어 있거나, 한쪽 다리를 바깥으로 빼고 있거나, 구부정하게 앉아있거나, 공책을 옆으로 틀어 글씨를 쓰는 아이들도 보입니다.

다행히도 국어 시간에는 바른 자세에 대해 배우는 시간이 있습니다. 듣는 자세, 읽는 자세, 쓰는 자세를 배우고 익히기 위해 이윤희의 『삐뚜로 앉으면』이라는 그림책을 더불어 읽었습니다.

아이들은 선생님의 개인적인 이야기를 굉장히 좋아하고 관심을 가지는 편입니다.

"있잖아. 애들아, 선생님이 어제 무슨 일이 있었냐면…"으로 시작하면 딴짓을 하던 아이들까지 모두 눈을 반짝반짝하며 저를 뚫어져라 쳐다본답니다. 앞서 말씀드렸지만 이것이 스토리가 가진 힘이겠지요.

오늘도 역시 그림책을 다 읽고 제 이야기를 시작했습니다. 물론 거짓말을 조금 보태서요.

"애들아. 선생님 아들이 있는데 매일 책 읽을 때, TV를 볼 때, 핸드폰을 할 때 자세가 이 그림책 속 친구처럼 옆으로 누워서 허리를 틀거나, 목을 쭉 빼거나, 삐뚜로 앉는 거야."

역시나 예상대로 아이들은 숨을 죽이고 이야기에 집중합니다.

"그래서 선생님이 걱정돼서 정형외과에 데리고 갔거든."

"어떻게 됐는데요?"

"엑스레이 사진을 찍어봤더니 등 뼈 있지?"

"네."

"이렇게 곧게 있어야 하는 뼈가 옆으로 불룩 튀어나와서 구부정한 거야. 게다가 옆모습으로 찍은 엑스레이에서는 목이 앞으로 쭉 나와서 거북이 있지?"

"네."

"거북이 목처럼 앞으로 쭉 나온 거야."

"어떡해~"

아이들은 손으로 입을 막으며 걱정스러운 눈빛으로 저를 쳐다보았습니다.

"그런데 아직은 고칠 수 있다고 하시며 평소에 바른 자세로 앉으라고 하셨어. 비뚤어진 허리는 철봉에 매달리기를 하면서 쭉쭉 펴주고, 많이 걷는 게 도움이 된다고 하시더라고."

"아~"

"거북목도 읽기 자세를 고치면 된다고 하시던데 우리 어떤 자세로 읽고 듣고 써야 하는지 자세히 한 번 알아볼까?"

"네!!"

그러고는 교과서로 바른 자세를 배우고 실천해보았습니다.

"선생님. 저는 책 읽을 때 책 세우는 거 그거 있죠? 저 그걸로 매일 책 읽어요."

"흐응~ 나는 그거 우리 엄마가 안 사주는데~"

"나는 소파에서도 바르게 앉아서 봐. 진짜."

"내 목은 괜찮지?"

함께 하는 이야기

엄친아 수법의 또 다른 효용 가치. 완벽한 엄마 친구 아들이 아닌, 조금 부족한 엄마 친구 아들 이야기로 아이들을 끌어 보세요. 비교 대상보다 늘 잘하는 우리 아이. 더 멋진 우리 아이. 어때요? 어차피 비교 대상은 가상의 인물인데요. 늘 우월한 게 잘못인가요. 칭찬으로 끌어오는 방법은 다양하답니다.

함께 읽은 책

삐뚜로 앉으면?

스마트 기기로 인해 요즘은 더더욱 바른 자세의 중요성이 강조되고 있습니다. 많이 걷고 뛰어다녀야 건강한 근육들이 자리를 잡고 바른 자세로 잡아줄 텐데 말이에요. 읽고 쓰고 듣기의 바른 자세는 한글 공부의 첫 시작이기도 하니 함께 읽고 바른 자세를 실천해보세요.

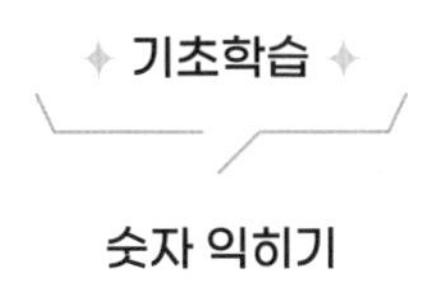

숫자 익히기

숨바꼭질 123

1학년에서는 한글 익히기 못지않게 기초수학이 중요합니다. 수학의 첫 단원인 9까지의 수 개념을 익히기 위해 재미있는 그림책과 함께 수업을 계획했습니다. 서영의 『시계 탐정 123』으로 함께 수를 익혀보는 시간이지요. 이 그림책은 시계의 숫자들이 숨바꼭질하듯 집안 곳곳에 숨어 있어, 그 숨어 있는 숫자들을 찾아내야 하는 그림책입니다. 숨은 그림 찾기라니. 얼마나 아이들이 좋아했을지는 상상이 가시죠? 꼭꼭 숨은 숫자들을 시계 탐정과 함께 아이들이 쏙 쏙 찾아내니 들켜버린 숫자들이 아쉬운 마음에 투덜대며 재미를 더해주기도 하지요.

하지만 숫자를 알고 쓰는 것에 그치지는 않았습니다. 그림에서 펼쳐진 집안의 물건을 보며 물건의 개수를 물어보고 답하며 수 개념을 익혀주는 것도 잊지 않았지요.

그렇게 그림책을 다 읽은 후에는 수 놀이를 위해 유토(점토)를 꺼냈습니다. 이제껏 해오던 학습 활동이 쓰고 색칠하고 오리고 붙이는 활동이 대부분이라 조금 색다르게 아이들과 활동하고 싶어 학습 준비물로 미리 준비해 둔 자료입니다.

"애들아, 선생님처럼 유토를 조금 떼어내어 길쭉길쭉 지렁이 모양을 만드세요."

조물조물 작은 손으로 책상 위에 유토를 비벼대며 길쭉한 지렁이 모양으로 만들어 냈습니다. 그러고는 그 길쭉한 모양으로 1부터 10까지의 수의 모양을 만들기 시작했습니다. 글자를 익힌 친구는 숫자라는 글자도 만들어보며 즐겁게 활동을 이어갔습니다.

함께 읽은 책

시계 탐정 123

『시계 탐정123』은 찾기 놀이를 통해 재미있게 숫자를 익힐 수 있는 그림책입니다. 책을 읽은 후에는 유토나 점토를 활용해 공부해 보세요. 조물조물 만지고 만드는 활동으로 재미를 더 해주기 위해서입니다. 게다가 유토는 굳지 않는 성질 때문에 반복적으로 사용할 수 있어서 좋습니다. 엄마가 만든 모양을 보고 아이가 유토로 글자를 만들거나 엄마가 똑똑 떼어 놓은 유토의 개수를 보고 아이가 수를 만드는 활동으로 즐겁게 놀이하며 학습하는 시간이 되길 바랍니다.

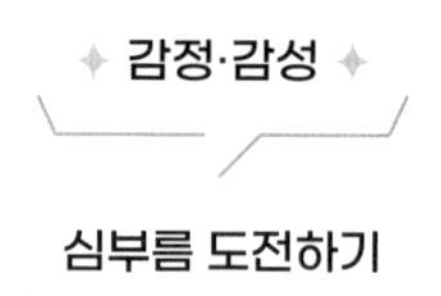

심부름 도전하기

첫 도전

여러분은 첫 심부름이 무엇이었는지 기억하시나요? 그렇다면 첫 심부름 할 때의 마음과 기분은요? 어떤 심부름을 했는지는 기억이 잘 나진 않지만 아마도 두근두근 떨렸던 마음은 어렴풋이 남아있겠지요.

쓰쓰이 요리코의 『이슬이의 첫 심부름』은 그 두근두근한 마음을 고스란히 전해 주는 책입니다. 떨리는 목소리로 "우유 주세요"를 외칠 때 아이들은 풋 하고 웃으며 이슬이의 마음에 공감하고 또 응원해주거든요.

"얘들아. 우리도 이슬이처럼 심부름을 한 번 해볼까?"
"네?? 심부름이요? 어떤 심부름이요?"

아이들과 그림책을 읽고 활동하려고 준비했던 미션지와 심부름을 할 물건을 주섬주섬 꺼내어 봅니다. 호기심 가득한 아이들 눈빛을 보며 설명을 시작했습니다.

"셰 명이 한 모둠이 되어서 함께 심부름을 갈 거예요. 어디로 가냐면 여기 뽑기 통에서 나온 장소를 찾아가는 거예요."

"아아악~ 너무 떨려."
"두근거려요. 선생님."

"대신, 이슬이 엄마가 책 속에서 두 가지 약속을 하자고 했어요. 무엇이었죠?"
"차 조심하기, 거스름돈 받아오기요."

"맞아요. 그럼 우리도 두 가지 약속을 하고 떠나는 거예요."
라며 칠판에 약속을 적었어요.

자 그럼, 각자 손에 하나씩 들고 출발할 3종 세트를 소개할게요.

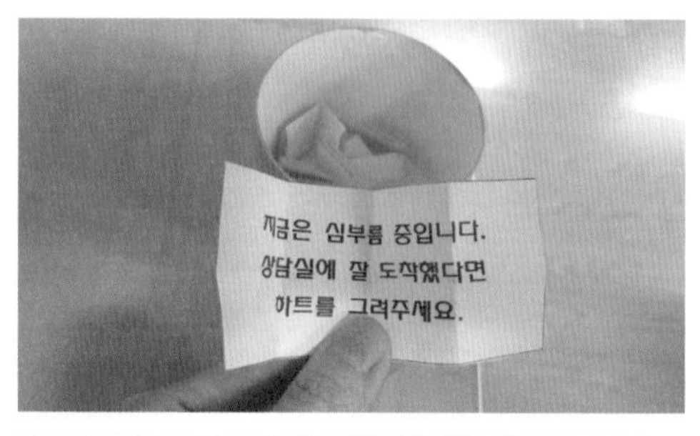

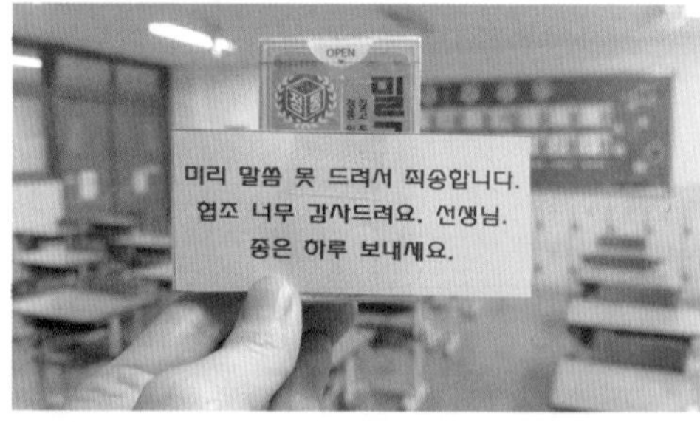

3명씩 모둠을 이루어서 차례대로 뽑기 통에서 장소를 뽑았습니다.

'지금은 심부름 중입니다. 상담실에 잘 도착했다면 하트를 그려주세요.'

우리가 가야 할 곳인 상담실에 붉은색으로 동그라미를 해주며 출발시켰습니다.

"아~ 너무 떨려. 겁나서 못 가겠어요."

출발 전 아이들은 떨린다고 난리입니다.

그렇게 떨려 하던 친구들을 응원하기 위해 "잘할 수 있다!! 파이팅!"을 외치고 출발시킨 몇 분 후, 상기된 얼굴로 아이들이 교실에 들어섭니다.

"선생님~ 하트 3개 받았어요!!"

오호. 정말?? 미션 성공!!!

하이파이브를 힘차게 해줍니다.

"재밌어요. 또 하고 싶어요."

그렇게 떨린다던 아이들이 심부름을 다녀와서는 또 하고 싶다고 난리입니다.

두근두근했던 그 마음을 글로 담아두고 싶어 다녀온 후의 느낌도 적어 보라고 했습니다.

아이들에게 긴장되던 순간의 경험과 성취했을 때의 짜릿함을 맛보게 해주세요. 아주 간단한 미션부터 말이에요. 무리 없이, 천천히, 아이들 역량에 맞게, 하나씩 하나씩. 파이팅!!

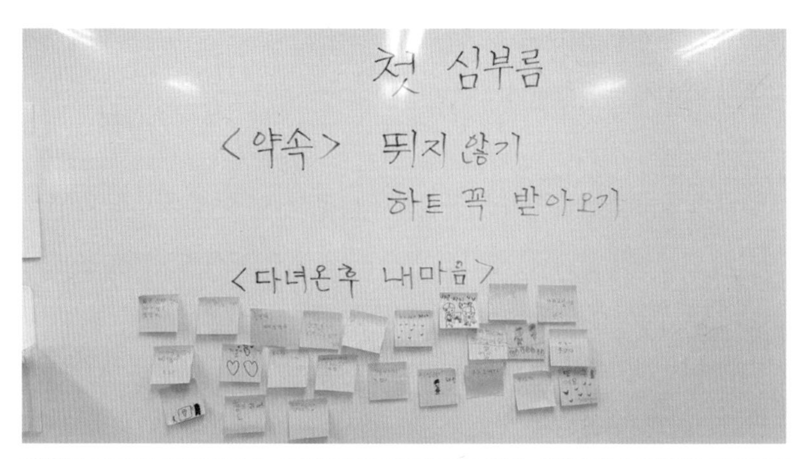

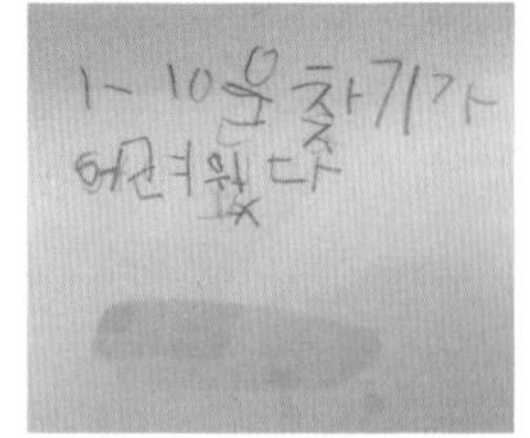

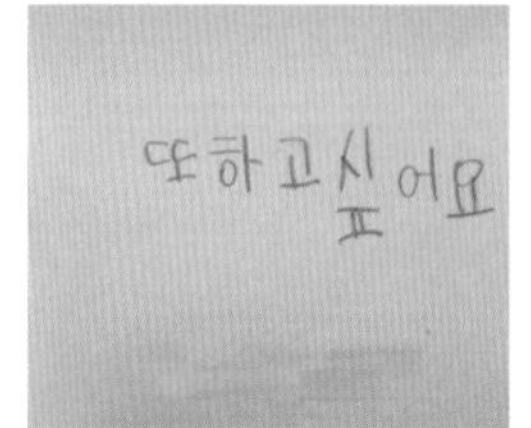

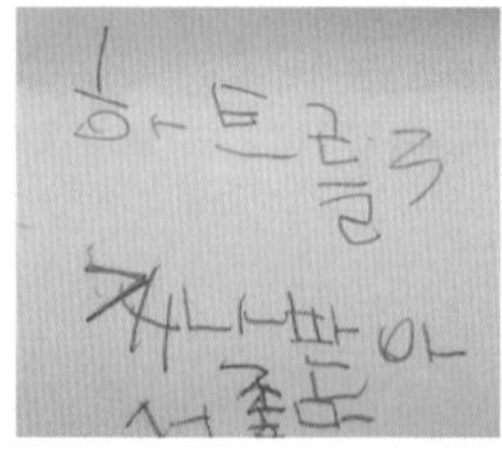

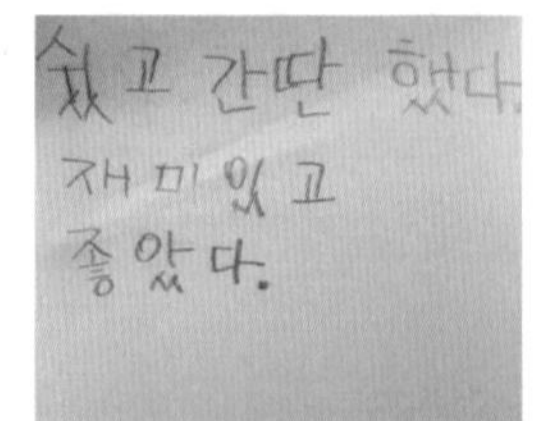

함께 읽은 책

이슬이의 첫 심부름

첫 심부름을 하는 아이의 떨리고 긴장되는 마음이 잘 담긴 책입니다. 우유 사오기에 성공한 이슬이의 마음은 어땠을까요? 심부름 미션으로 이슬이의 마음에 공감하며 아이에게 성취감을 체험시켜 주세요.

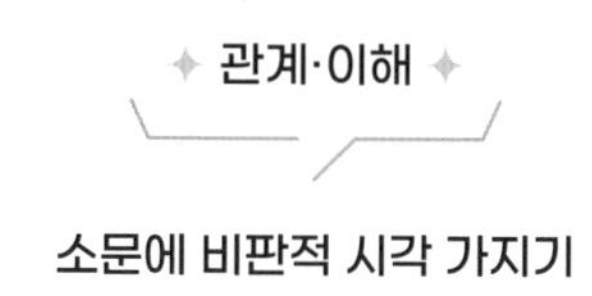

소문에 비판적 시각 가지기

이상한 소문

"선생님 있잖아요. 내 친구가요. 학교 오기 전에요. 1반 선생님이 제일 무섭다고 했는데요. 와 보니까요. 한 개도 안 무서웠어요."

"어때 보이는데?"

"이뻐요."

맞습니다. 이쁩니다. 굉장한 미녀 선생님이십니다.

근데 왜 항상 1반 선생님이 제일 무섭다고 소문이 나는 걸까요?

나쁜 소문은 꼬리에 꼬리를 물며 부풀려지고 커지기도 합니다. 아이들과 "내가 보지 못한 소문을 믿어야 할까? 믿지 말아야 할까?"에 대해 고민해 보았습니다. 아이들은 일제히 믿으면 안 된다고 말합니다. 하지만 실생활은 그렇지 않지요. 귓속말을 전하고 또 전합니다. 그래서 박정섭의 『감기 걸린 물고기』를 함께 읽었습니다.

한 데 뭉쳐 생활하는 물고기를 와해시켜야지만 그 작은 물고기들을 잡아먹을 수 있을 거라는 생각으로 아귀는 거짓 소문을 내기 시작합니다. 그 소문으로 인해 분열이 일어나고 서로를 믿지 못하게 되었지요. 하지만 그 소문에 의문을 가진 한 물고기에 의해 다른 시선으로 서로를 바라보기 시작하며 문제를 해결하게 됩니다.

"애들아, 소문은 그대로 믿는 것이 아니라 거짓이 없는지, 왜 그런 소문이 나는 건지 깊이 생각해야 하는 거란다. 들은 이야기가 흥미롭고 솔깃하더라도 그 이야기를 사실인 것처럼 다른 사람에게 전하는 일을 정말 나쁜 일이야. 소문을 만든 사람만큼 잘못된 소문을 다른 곳에 전달한 사람도 잘못된 행동을 한 것이거든. 그 소문으로 상처받고 피해를 보는 사람이 있는지 꼭 먼저 생각하는 너희들이 되길 바랄게."

함께 읽은 책

감기 걸린 물고기

다양한 색깔의 물고기가 모여 살고 있습니다. 그런데 나쁜 아귀가 색깔마다 감기의 증상을 엮어 거짓 소문을 내지요. 독자마저 솔깃할 정도로 그럴듯한 이유들로 흔들어댑니다. 마음 단단히 붙잡고 읽어야 할 거예요. 속아 넘어가지 않도록 말이에요. 아이와 함께 읽은 후 소문은 무턱대고 믿는 것이 아니라 진실인지 거짓인지를 먼저 확인할 필요가 있음을 꼭 이야기해주세요.

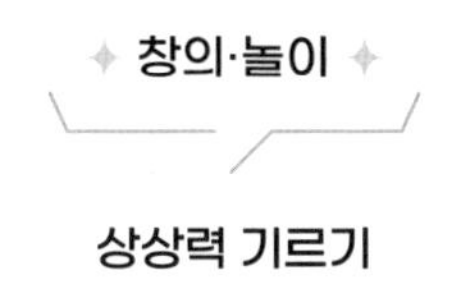

상상력 기르기

심심하다고?

아이들과 하루를 지내다 보면 심심함을 견디지 못하는 친구들이 종종 보입니다. 집에 있었다면 그저 TV나 핸드폰에서 송출되는 영상을 멍하니 보고 있었겠지요. 스스로 재미있는 놀이거리를 찾지 못하는 아이들은 스마트 기기가 손에 없으면 "엄마, 심심해. 나 뭐 하고 놀아?"를 입에 달고 다닙니다.

학교에서도 마찬가지입니다. 쉬는 시간이 되면 어슬렁어슬렁 친구 주변을 맴돌기도 하고, 친구들이 열광하는 색칠 공부도 마다하며 책은 지루해서 읽기 싫다며 제 제안을 보기 좋게 거절하기도 합니다. 그냥 심심해서 기분이 안 좋다며 입이 교문 앞까지 쑤욱 나와 있습니다.

기슬렌 뒬리에의 『심심할 땐 뭘 할까』라는 그림책은 그런 답을 찾아주는 책인 것 같습니다. 아이들과 함께 읽기 전에 이야기를 나누었습니다.

"애들아, 너희들은 심심할 땐 뭐해?"

텔레비전을 본다는 아이, 누나랑 논다는 아이, 그냥 잔다는 아이, 가만히 있는다는 아이, 게임을 한다는 아이 각양각색입니다.

"그림책 속의 친구는 심심할 때 뭘 하는지 한번 볼까?"

그렇게 그림책을 함께 읽어 갔습니다.

책에서는 심심하다는 감정이 마음이 쳐지고 슬픈 것이 아닌 새로운 상상의 시간이라고 말해주었습니다. 심심한 그 시간이 바로 창의력이 샘솟는 시간이라고요.

저도 그렇습니다. 멍한 시간 저는 항상 엉뚱한 상상을 하곤 합니다. 말도 안 되는 상상을 하다 보면 어느덧 시간이 흘러가 있을 때가 많았습니다. 그런 상상으로 몇 권의 그림책을 펴내기도 했고요. 그럼 아이들도 심심한 시간에 엉뚱한 상상을 해보게 하면 어떨까요?

그렇게 하여 저는 엉뚱 상상 창의력 학습지를 만들어보았습니다. 여러 장을 복사하여 학습지 파일 꽂이에 게시해 두었더니 같은 상황의 학습지라도 생각나는 게 여러 개라며 또 하고 또 하며 아이들은 즐거워했습니다.

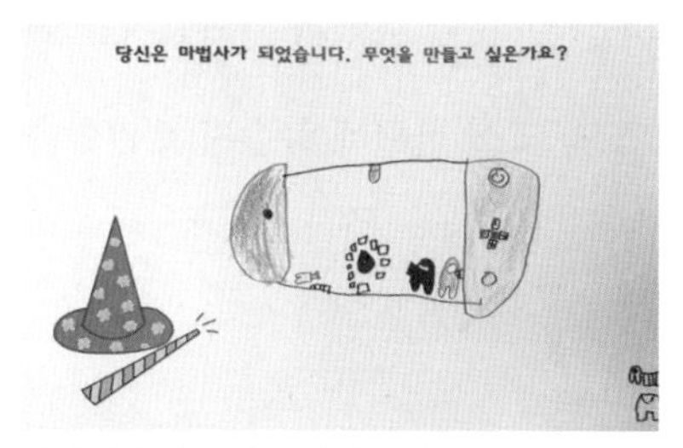

게임기가 갖고 싶은 아이의 마음이 담겨있습니다.

외계인을 보고 놀랐대요.

커다란 보석을 만들 거랍니다.
저도 하나 받으려면 잘 보여야겠습니다.

보물 상자가?!

아니 어몽어스가?!

아기 여우가 찾아왔대요.

눈사람이 찾아왔대요.

천사와 요정이 찾아왔대요.

학습지는 활동이 끝나거나 할 일이 없을 때, 또는 자신이 심심하다는 생각이 들 때 꺼내어 언제나 활동할 수 있도록 교실 한편에 학습지 보관함을 마련해 두었습니다.

함께 읽은 책

심심할 땐 뭘 할까?

요즘 아이들의 가장 큰 고민이 아닐까 합니다. 심심할 땐 뭘 할까. 예전에는 밖에 나가면 돌이며 나뭇가지며 모든 것이 놀이 도구였고 해가 지도록 친구들과 같이 놀았는데 말이지요. 스마트 기기를 내려놓고 마음껏 상상하기 놀이도 한 번 해보세요.

관계·이해

행복한 반을 위해 할 수 있는 일 알기

건강하고 따뜻한 아이들

1교시를 시작하려고 하는데 아직 한 친구가 교실에 도착하질 않았습니다. “왜 안 오지?” 했더니 다른 친구들이 그 친구가 계단에서 울고 있는 것을 봤다고 전해 줍니다. 그 이야기를 듣고 너무 깜짝 놀랐습니다. 친구가 울고 있었는데 왜 달래서 데려오지 않았을까요.

복도로 나가 그 친구를 데리러 가는 도중 울면서 걸어오는 그 아이를 만났습니다. 사정을 들어보니 옆 반 아이와 함께 등교하다 사소한 일로 토닥거렸나 봅니다. 잘 달래어 자리에 앉히고 아이들과 함께 이야기를 나누고 싶어 『내복 토끼』를 펼쳤습니다. 사실 이 책은 딸아이와 만든 저의 첫 그림책이라 오늘 아이들과 함께 읽고 싶어 준비했는데, 마침 지금 같은 상황에 이 책이 더 필요하겠다는 생각이 들더군요.

『내복 토끼』는 영이의 내복에 그려진 토끼들이 주인공입니다. 밤새 열이 나는 영이를 구하기 위해 내복에 그려진 토끼들이 좌충우돌하는 내용입니다. 유쾌하게 그려진 내용이라 아이들과 캐릭터 표정을 살피며 깔깔대며 함께 웃었습니다. 겨드랑이 토끼가 나왔을 때는 친구들과 간지럼 놀이도 하며 몰입하여 읽어 갔습니다.

그렇게 실컷 웃으며 책을 다 읽고서, 하고 싶은 이야기를 슬쩍 꺼내어 봅니다.

"얘들아. 영이가 열이 났던 것처럼 우리 반도 아프대. 우리가 어떻게 했길래 아픈 반이 된 걸까?"

"친구들이 싸워서요. 우리가 말을 안 들어서요. 우리가 시끄럽게 해서요."

칠판에 '아파요' 라고 써진 붉은색 종이를 붙이며

"그럼 그 생각들을 붙임 종이에 써서 이곳에 붙여볼래? 글자를 아직 못 쓰는 친구는 그림으로 그려도 좋아요."

그러자 아이들은 이런 내용을 써 붙입니다.

– 선생님한테 집중을 안 하면 우리 반이 아파요.

– 우는 친구가 있으면 우리 반이 아파요.

– 친구가 때리면 우리 반이 아파요.

– 친구와 싸우면 우리 반이 아파요.

– 쓰레기를 버리면 우리 반이 아파요.

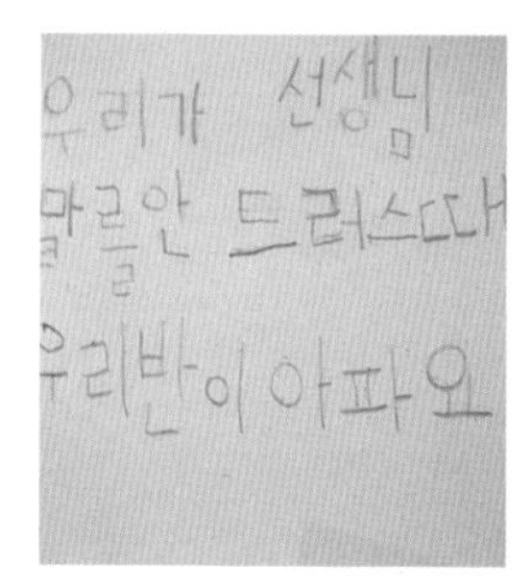

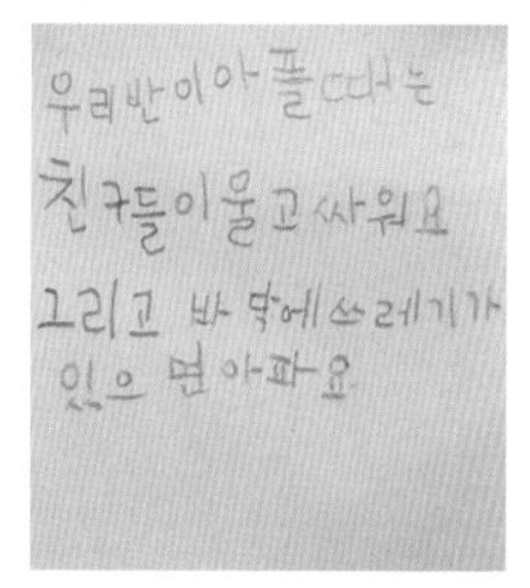

“그렇다면 아픈 영이를 위해 내복 토끼가 서로서로 도왔던 것처럼 우리는 아픈 우리 반을 다시 건강하게 해주려면 서로 어떻게 도와야 할까?”

“뛰어다니지 않아요. 친구와 사이좋게 지내요.”

칠판에 ‘건강해요’ 라고 써진 분홍색 종이를 붙이며

“그런 약속도 너무 좋아요. 그렇지만 서로를 도와줄 수 있는 내용으로도 한번 생각해보세요. 생각한 내용은 이곳에 붙여주세요”

그러자 아이들은 이런 내용을 써 붙입니다.

– 선생님 말씀을 잘 들어요.

– 열심히 공부하고 잘못하는 친구들을 도와줘요.

– 짜증 내지 않아요.

– 친구와 싸우지 않고 사이좋게 지내야 우리 반이 건강해요.

– 친구가 준비물 안 가지고 왔을 때 준비물을 줘요.

– 무거운 짐을 들어줘요.

– 친구가 활동을 못 하면 도와줘요.

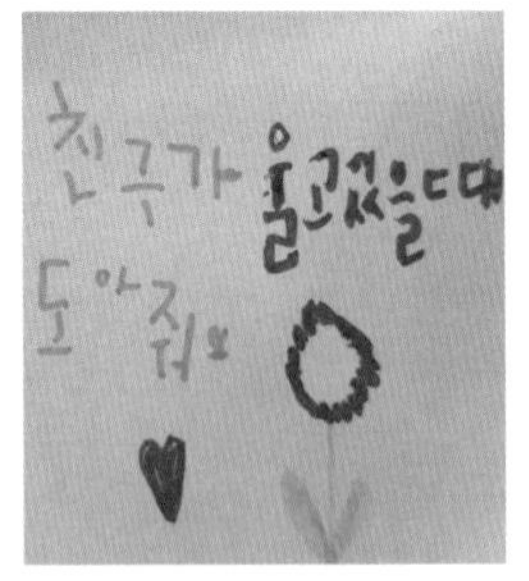

"그럼 혹시 울고 있는 친구를 봤을 때는 어떻게 해야 할까?"

"울고 있는 친구를 달래줘요."

"왜 우는지 물어보고 도와줘요."

"그래요. 우리는 그렇게 서로 도우며 생활해야 해요."

아이들과 서로를 도와주기로 약속을 하며 수업을 마무리했습니다.

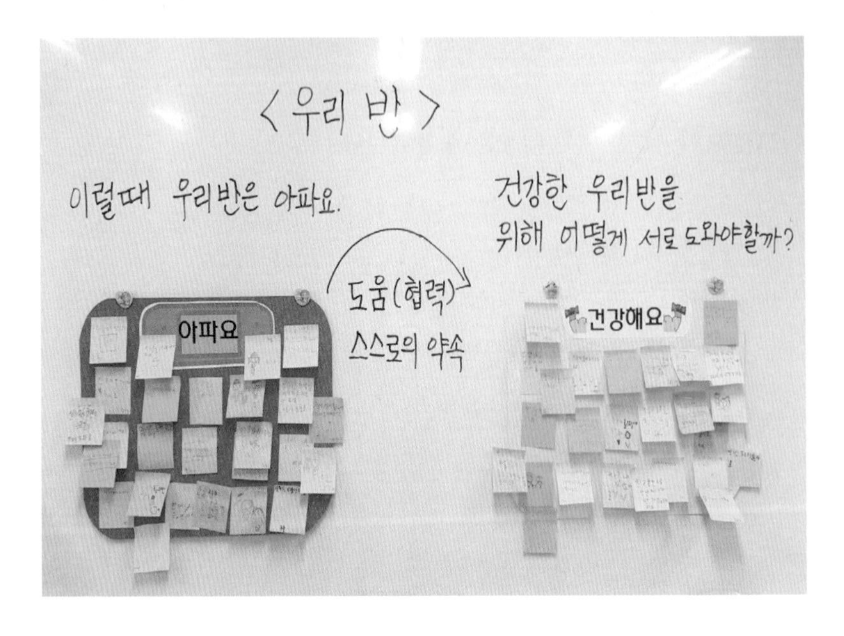

수업이 끝난 후 우유를 마시는 시간이었습니다.

그런데 아침에 울고 있었던 그 친구가 우유를 흘린 겁니다. 다소곳한 목소리로 앞에 앉은 친구에게

"나 휴지 좀 갖다 줄 수 있어?"라고 말하자

주변의 친구들이 동시에 그 친구에게 고개가 돌아가더니 득달같이 달려가 화장지를 가져와서 주변을 닦아 주는 거예요.

그러면서 "괜찮아. 그럴 수도 있어"라며 약속에도 없었던 따뜻한 말까지 전하는 겁니다.

급기야 다른 친구는 "선생님 우유를 너무 많이 쏟아서 바지가 젖었어요" 하더니 사물함으로 달려가 여벌 옷을 꺼내 들고 그 친구 손을 잡고 화장실로 향하더군요.

무슨 일입니까?

저는 감동의 눈물까지 흘릴 뻔했습니다. 아이들이 서로를 도와주기 위해 애써주는 모습에 가슴이 벅차올랐습니다. 덕분에 오늘 아침 외로움의 상처를 받았던 친구도 너무 밝은 얼굴로 하루를 보내게 되었습니다.

그림책 수업을 많이 해 왔지만, 오늘 같은 날은 정말 제 마음을 말랑말랑하게 해주는 것 같았습니다. '이렇게 함께 읽은 책이 삶 속으로 녹아드는구나.'

조금 뒤, 누군가 뛰어오다 혼자 발에 걸려 넘어집니다. 그러자 또다시 득달같이 아이들이 달려듭니다. 일으켜 세워주고 괜찮냐고 물어보며 친

구를 도와주었습니다.

정말 드라마틱한 날을 보냈습니다. 이런 것이 그림책 교육의 힘이겠지요. 그저 읽고만 지나가는 책이 아니라 내 삶에 녹아 들어가도록 해주세요. 책을 함께 읽고 같이 생각하며 의견을 나누고 공감하는 활동이 꼭 필요한 이유입니다.

며칠 뒤, 한 아이가 다가와 말합니다.

"선생님, 저도 내복이 나한테 말해줬으면 좋겠어요."

"그래? 어떤 말을 듣고 싶은데?"

"음. 나 잘하고 있다고요."

어머니가 출장으로 해외에 체류 중이고, 아버지의 귀가 시간도 늦은 탓에 스스로 학교 준비물과 공부 거리를 챙겨내는 아이였습니다. 그 이야기를 들으니 뭔가 뭉클함이 다가와 아이를 꼭 안아줬습니다.

다른 아이들은 어떤 말을 듣고 싶어 할지 궁금해집니다. 서둘러 학습지를 만들고 아이들의 이야기를 담아보라고 했습니다.

유독 키가 작아 고민인 아이예요.

상상하지 못했던 더 많은 사랑이 여러분들에게도 생기길 바랍니다.

함께 하는 이야기

아이가 잠든 얼굴을 가만히 바라보면 이상하게도 하루 동안 미안했던 일들이 밀려옵니다. 마치 반성의 거울을 보는 듯 말이에요. 쌔근대는 숨소리, 세상 평온한 얼굴. 고이 감은 두 눈을 바라보면 좀 더 안아줄걸. 좀 더 따뜻하게 말해줄 걸. 그깟 설거지 미뤄두고 좀 더 놀아줄걸. 조그맣던 아이가 언제 이렇게 컸나 대견하기도 하고 말이에요. 여러분은 어떠세요? 저처럼 잠든 아이에게 속절없이 사랑 고백하지 마시고, 평소 애정 표현을 아끼지 마세요. 아이들은 사랑을 먹고 자란다고 하잖아요. 많이 사랑받은 아이가 많이 사랑해 줄 수 있다고 합니다.

함께 읽은 책

내복토끼

아이가 어릴수록 내복은 아이와 늘 함께 있습니다. 그런 내복 속의 캐릭터가 아이의 수호신이라면 얼마나 든든할까요. 언제 이 수호신이 날 지켜줬으면 좋겠는지 내가 곤히 잠든 밤, 어떤 이야기로 나를 응원해줬으면 하는지 아이와 함께 이야기를 나눠 보세요.

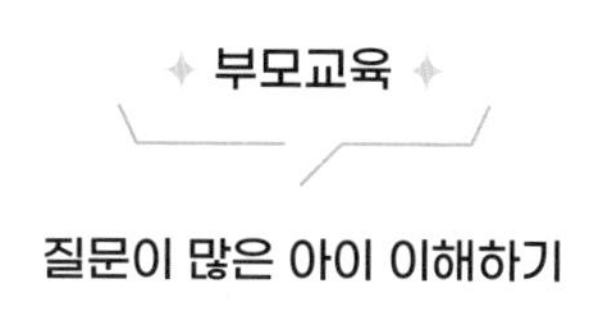

언어의 달인

아이들은 궁금한 것을 참지 못합니다. 수업하는 도중이지만 묻고 또 묻습니다.

"선생님 질투가 뭐에요?"

"으음. 너무 부러워서 샘을 내는 거야."

"샘? 샘이 뭔데요?"

"으으음. 샘이라는 건…, 뭐랄까? 미워하는 마음? 그래. 너무 부러워서 왜 나보다 잘하지? 내가 저 친구보다 못할 게 뭐야 하면서 미운 마음이 생기는 거야."

"나는 그런 적 없는데."

"그, 그…래."

"그런데 샘은 왜 날까요?"

"그건…, 지금은 수업 중이니까 쉬는 시간에 알려줘도 될까?"

잠시 후,

"선생님 푸대접이 뭐에요?"

"푸대접은 잘 대해주지 않고, 소홀하게 대하는 거야."

"소홀이 뭐예요?"

"소홀이라는 것은, 음… 신경을 안 써주는 거야. 친구를 초대했는데 초대한 친구를 잘 대해주지 않고 신경도 안 쓰고 혼자만 논다든지 하면 그 친구가 집에 가서 '푸대접을 받았다' 라고 말할 수 있는 거야."

"친구를 초대해놓고 왜 신경을 안 썼을까요?"

아…! 끝이 없는 질문의 늪에 빠지고야 말았습니다. 게다가 어떻게 쉽게 잘 풀어서 설명할 수 있을지도 모르겠고 말입니다. 난감하기만 합니다. 이럴 때면 끝없이 질문하는 아이들의 이야기를 담은 안녕달의 『왜냐면』이 떠오릅니다. 엄마의 대답에서 왜라는 질문으로 꼬리에 꼬리를 잇는 대화가 담긴 책이지요.

이렇게 곤혹스럽고 힘든 아이들은 "왜"라는 질문은 사실 하브루타의 시작이기도 합니다. 당연성에 의문을 가지고 왜라는 질문으로 깊이 있게 파고드는 것이지요. 그래서 이런 아이들의 이런 질문이 귀찮고 힘들기만 한 것은 아닙니다.

하브루타 수업에서 기본적으로 쓰는 질문 만들기 방식은 '왜, 만약, 어떻게' 라는 구조입니다.

거짓말을 한 아이를 본 상황이라면
– 왜 거짓말을 했을까요?
– 만약, 나라면 어떻게 행동했을 것 같나요?
– 어떻게 하면 거짓말을 하지 않고 그 위기를 모면할 수 있었을까요?

라는 구조지요. 상황이 더 풍성하게 제시된다면 아마 대답으로 펼쳐지는 생각들도 더 다양해질 수 있겠지요.

네네. 아이들 질문이 좋은지는 알겠는데, 그 호기심 많은 아이들의 끝없는 질문을 받아내기가 힘드시다고요? 그렇다면 아이들의 질문을 질문으로 답해 보세요.
"왜 친구들이 소홀하게 대해요?"
"글쎄. 너라면 어떻게 했을 것 같은데?"
"소홀하게 대한 그 친구는 어떤 마음이었길래 그랬을까?"
라고요.

질문이 많은 아이에게는 그 질문에 스스로 답을 찾는 시간을 주는 것도 중요하니까요.

함께 읽은 책

왜냐면…

유치원에서 집으로 돌아오는 길에 엄마랑 나누는 꼬리에 꼬리를 잇는 질문 이야기입니다. 엄마의 대답에는 즐거운 상상이 담겨있고 그 속에서 아이는 자신의 궁금증에 답을 찾게 되지요. 마지막 장면에서 첫 장면과 이어지는 연결고리를 발견하는 순간 웃음이 터지고 말 겁니다. 아이와 책을 읽은 후 질문 만들기 놀이도 같이 해보세요.

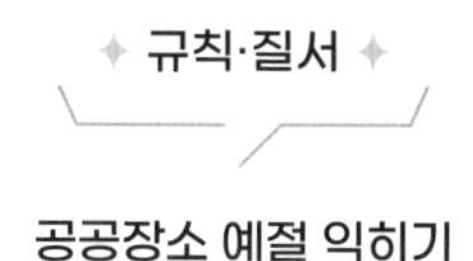

공공장소 예절 익히기

약속해요

따뜻한 봄볕의 정원을 살펴보면 파릇파릇하고 작은 새싹들이 고개를 내밀고 있습니다. 그러고 보면 그 작은 새싹들이 참 대단해 보입니다. 만지면 톡 부러질 것 같이 여리고 어린 새싹이 어쩜 그리 단단한 씨앗을 뚫고 싹을 틔웠을까요?

작고 여리게만 보이는 새싹들에게는 엄청난 에너지가 숨어 있나 봅니다. 겨우내 에너지를 숨기고 있다가 따뜻한 봄 햇살이 내리쬐는 날 비로소 밖으로 뿜어내는 것은 아닐까요. 순전히 제 상상이지만 그런 씨앗은 꼭 아이들을 닮았습니다.

아이들도 따뜻한 봄 햇살이 내리쬐자 품고 있던 거대한 에너지를 마구 마구 발산하고 있거든요. 곳곳에 뛰어다니는 아이들, 고래고래 소리 지르는 아이들. 높은 곳에서 폴짝폴짝 뛰어내리는 아이들. 친구와 뒤엉켜 노는 아이들. 모두 땀을 뻘뻘 흘리고 있습니다.

지금껏 배우고 익혔던 질서와 규칙이 모래알처럼 손가락 사이로 스스륵 흘러 내려가는 듯했습니다. 이대로는 안 되겠습니다. 또다시 흐르더라도 끊임없이 배우고 익히렵니다.

미셸 누드슨의 『도서관에 간 사자』라는 책을 아이들과 함께 읽었습니다. 그리고 학교에서 지켜야 할 규칙을 알아보았지요. 장소는 우리가 자주 가는 곳으로 세 곳을 정해 칠판에 적어보았습니다. 도서관, 급식소, 체육실입니다. 그렇게 세 곳을 쓴 후 장소마다 동그라미를 그려주었습니다.

그리고는 붙임쪽지에 각각의 장소에서 지켜야 할 예절과 규칙을 써보라고 했습니다. 다 쓴 친구는 동그라미 주변으로 꽃잎처럼 붙여보라고 했습니다. 물론 아직 한글을 배우고 있는 과정이라 글자를 못 쓰는 친구는 그림으로 표현하라고 했지요.

그렇게 우리 반 예절 꽃이 만들어졌습니다. 내용을 살펴보면 이렇습니다.

도서관에서는

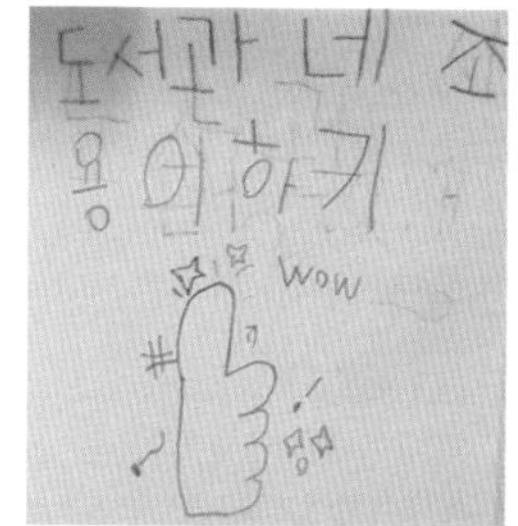

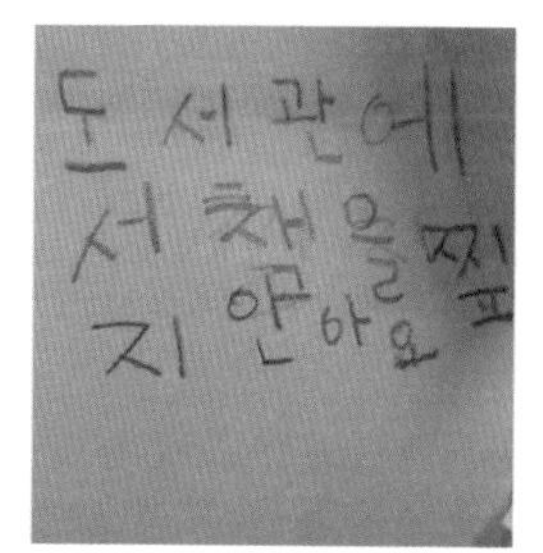

급식소에서는

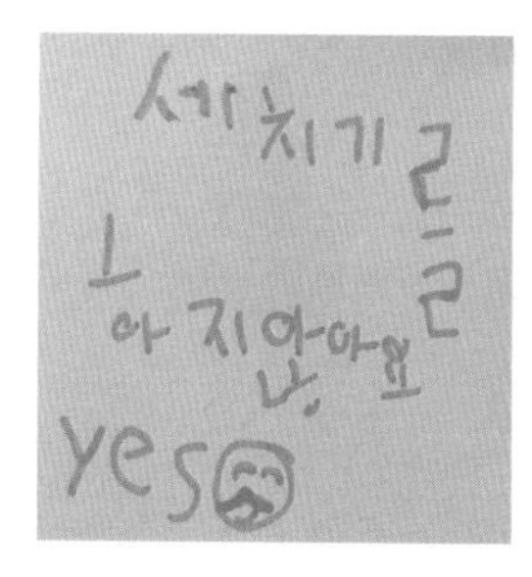

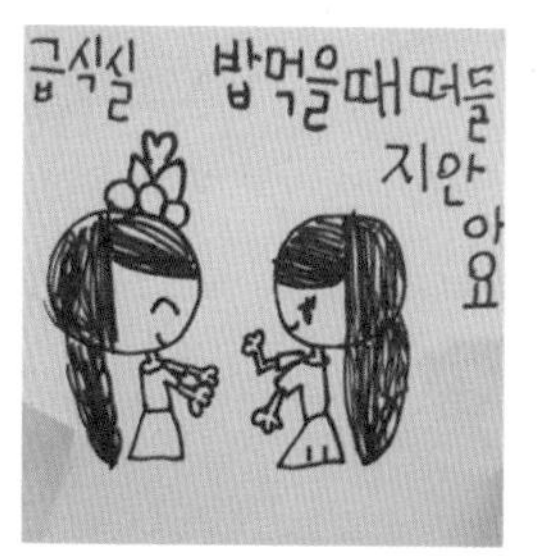

체육실에서는

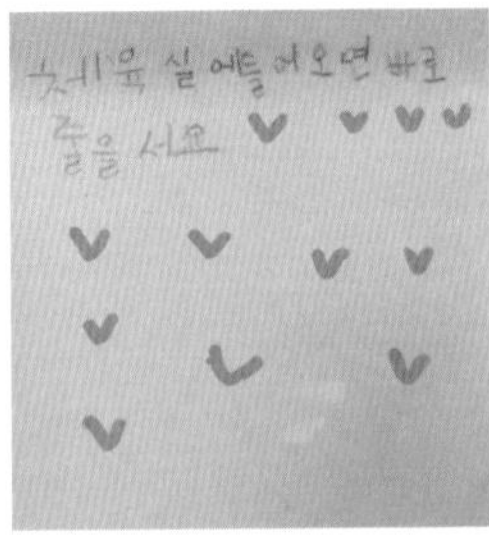

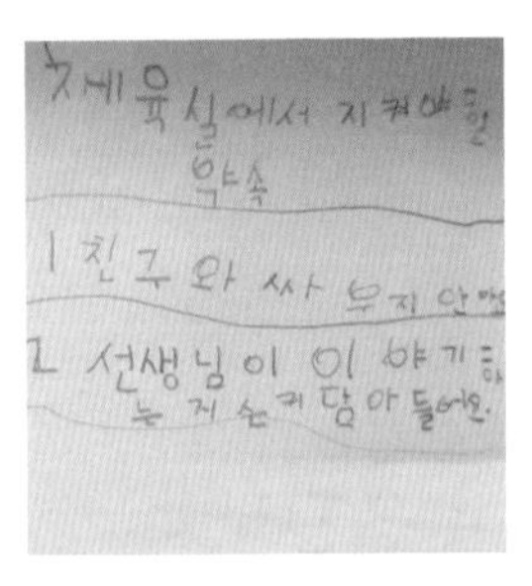

아이들과 활동이 끝난 후 친구들의 약속을 읽어주며 규칙과 예절을 잘 지킬 수 있도록 다짐하는 시간을 간단히 가졌습니다.

"오늘 알아본 규칙과 예절을 잘 지키겠다고 약속하는 친구는 손을 들어 주세요."

모두 손을 번쩍 들고 꼭 약속을 지키겠다는 의지의 눈빛을 보내주었습니다. 과연 며칠이나 갈지는 모르겠습니다.

하지만 교육이라는 것은 당장 변하게 하는 것이 아니라 결국 변하게 하는 것이라는 말처럼 끊임없이 또 약속하고 또 생각하는 시간을 이어가야 할 것 같습니다.

함께 하는 이야기

누군가는 교육을 콩나물에 비유하기도 합니다. 물을 주면 모두 밑으로 다 빠져나오는 것으로 보이지만 결국 콩나물은 자라니까요. 우리 아이들도 흘러가는 이야기를 꾸준히 들으며 결국 자란답니다.

 함께 읽은 책

도서관에 간 사자

어느 날 갑자기 도서관에 나타난 사자로 인해 도서관은 혼란스러웠지만, 도서관 규칙을 잘 지키는 사자 덕에 행복한 책 읽기 시간이 마련되는데요. 딱 한 번의 규칙을 지키지 않은 사자와 그럴 수밖에 없었던 이유가 담긴 가슴이 뭉클한 이야기입니다. 사자에게 어떤 규칙을 새롭게 정해주면 좋을지 책을 읽고 아이와 함께 이야기해보세요.

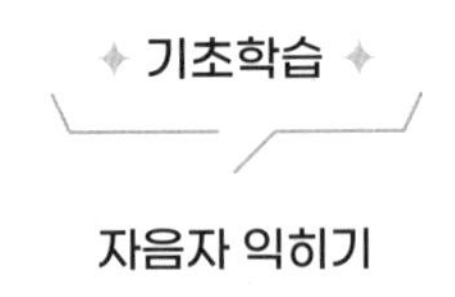

재미있는 ㄱㄴㄷ

한글 공부를 위한 ㄱㄴㄷ 그림책은 정말 종류가 다양한 편입니다. 아이들과 함께 읽으면 좋을 듯한 그림책을 찾고 싶어 학교 도서관에 들렀습니다. 다행히 도서관에는 ㄱㄴㄷ 그림책만 따로 모아놓은 코너가 있더군요. 앉아서 살펴보다 발견한『움직이는 ㄱㄴㄷ』. 이수지 작가는 천재가 아닐까요? 너무 기발한 생각들이 담겨있는 이 그림책에 전 매료되고 말았습니다.

자음자로 이렇게 즐겁고 재미있는 이야기를 만들 수 있다니. 아이들은 어떤 반응일까 궁금해 하며 책을 펼쳤습니다. 역시 아이들도 난리가 났습니다. 다음 자음자가 어떤 글자 모양으로 표현될지를 추측하며 한 장 한 장 즐겁게 읽어 나갔습니다. 아이들의 눈에도 기발하고 신기한 아이디어가 보이는지 읽는 내내 탄성을 질러댔습니다.

그림책을 다 읽고 우리도 이런 이야기를 만들어보자고 제안을 했습니다.

하고 싶은 자음자를 선택해서 글과 그림으로 표현해 보라고 했더니 제일 먼저 한 여학생이 작품을 가지고 나왔습니다.

뚫어져라 살펴보니 ㅈ - 줄다 - 수많은 ㅈ들이 화살표를 따라 가보니 숫자가 줄어들어 3개만 남아있는 게 아니겠습니까?

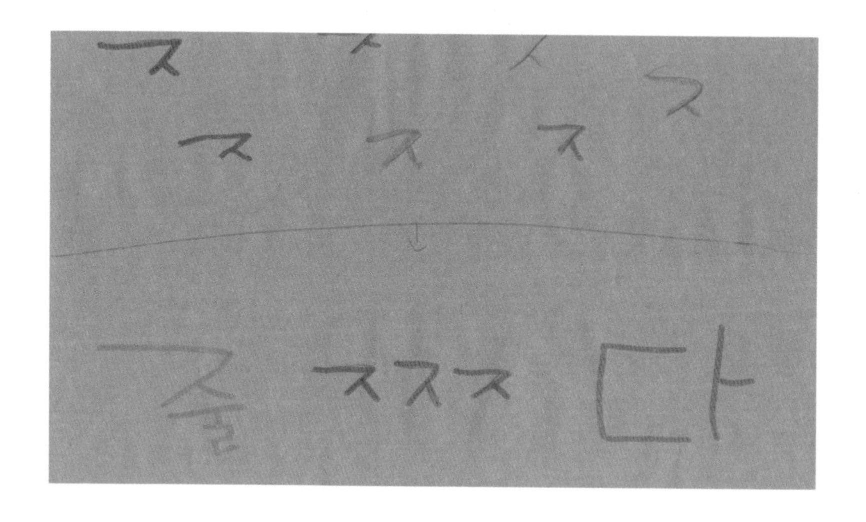

나도 모르게 눈이 휘둥그레졌습니다.

"옴마나, 지영이 천재 아니야? 어떻게 이런 생각을 했어?"

아이들도 덩달아 호들갑을 떨며 "뭔데요? 뭔데요?" 난리가 났습니다.

작품을 아이들에게 보여줬더니 흥분하며 입을 쩍 벌립니다.

작품의 주인공도 마스크마저 숨길 수 없는 미소를 띠고 있었습니다.

"선생님. 저 하나 더 할래요."

"그래. 해야지, 해야지. 마음껏 해보세요."

다른 친구들도 열심히 고민하며 재미있는 ㄱㄴㄷ 이야기를 만들어 내었습니다.

이번에는 남학생이 작품을 가지고 나왔습니다.

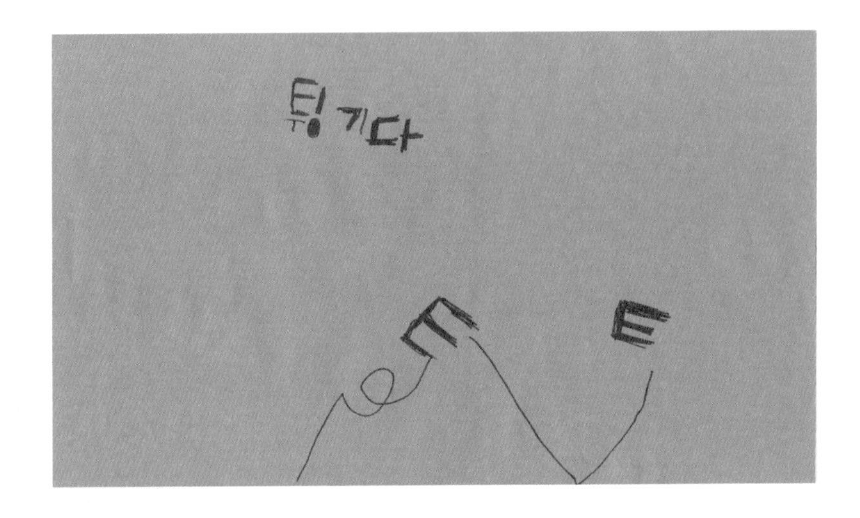

어머나!!! 너무너무 기특합니다. 저도 모르게 또 호들갑을 떨고야 말았습니다.

"천재야, 천재."

입이 마르도록 칭찬을 했더니 아이들도 덩달아 기분이 좋아 보였습니다.

아이들은 제 흥분된 리액션에 더 힘을 얻었고 끊임없이 ㄱㄴㄷ 이야기를 만들기 시작했습니다. 근래 가장 열정적이고 적극적인 활동을 보여준 아이들에게 더욱 감사한 시간이었습니다.

그런데 우리 아이들, 정말 천재 아닐까요?

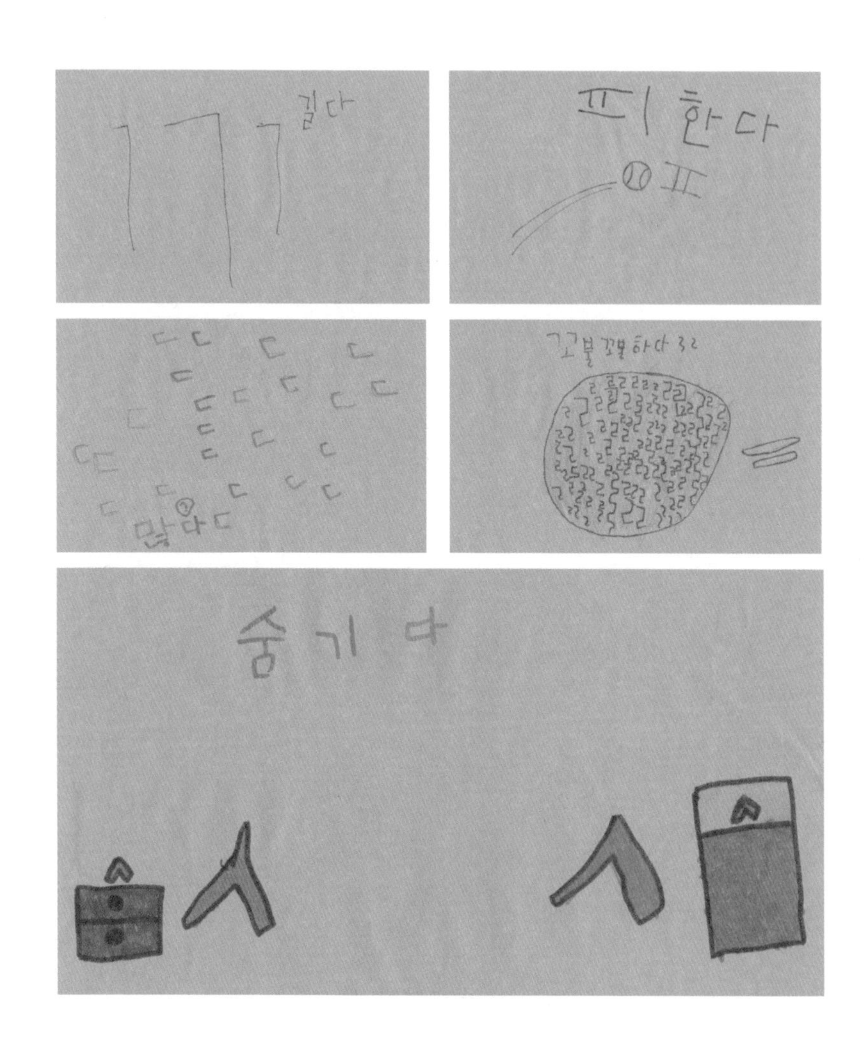
길다
피한다
많다
꼬불꼬불하다
숨기다

 **함께 읽은 책**

움직이는 ㄱㄴㄷ

자음자를 배우고 익히며 말놀이를 할 수 있는 그런 그림책입니다. 글과 그림이 조화를 이루며 재미있는 메시지를 주는 특징이 있어요. 아이들과 나만의 ㄱㄴㄷ책을 만들어보세요. 모든 자음자를 생각해내는 것은 힘든 일이기에 가족과 함께 나누어서 하나씩 생각해보세요. 하지만 부모님의 실력을 지나치게 뽐내지는 마세요. 아이들의 생각을 끌어내는 것이 목표잖아요.

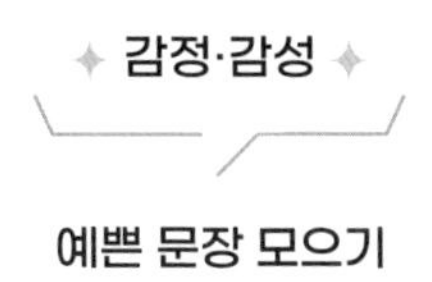

봄 햇살, 봄바람, 봄 친구

몸이 노곤해지는 따스한 봄입니다. 학교 정원에는 파릇파릇한 새싹들이 돋아나고 예쁜 꽃을 피우며 산들산들 바람은 나무 사이를 스칩니다. 때마침 통합 교과서에도 봄 친구들을 알아보고 관찰하는 수업이 있어 아이들과 학교 정원을 둘러보기로 했습니다. 밖으로 나가기 전 아이들과 레오 리오니의 『프레드릭』이라는 그림책을 함께 읽었습니다.

열심히 먹이를 구해 모으던 다섯 들쥐와 다르게 프레드릭은 춥고 어두운 겨울날을 위해 햇살을 모으고 색깔을 모으며 이야깃거리를 모았습니다. 그리고는 추운 겨울 먹이도 떨어져 가는 쓸쓸한 날. 프레드릭이 그동안 모아왔던 양식을 풀어냅니다. 햇살과 색깔과 이야기를 말입니다.

아이들과 정원의 봄 친구들을 둘러보러 가기 전 이야기를 나눴습니다.

"얘들아, 우리도 학교 정원에 봄 친구들을 만나러 가보자."

"예!!"

아이들에게 공책, 필통, 색연필을 챙기라고 했습니다. 인생은 참 재미있습니다. 언제나 예상과는 다른 일들이 일어나니까요. 줄을 서 있는 순간부터 도착하기 전까지 색연필을 바닥에 줄줄 흘려대는 겁니다. 이런 복병이 있을 줄이야. 다음에는 꼭 보조 가방을 준비해야겠습니다. 그렇게 학교 정원에 도착해서 제 주변으로 아이들을 모았습니다.

"자, 눈을 감아보세요. 그리고 봄 햇살을 느껴보세요. 따뜻한지, 포근한지, 시원한지, 뜨거운지. 어때요?"

"시원해요, 따뜻해요. 눈부셔요…."

대답이 제각각입니다.

"그럼 선생님처럼 공책에 쓰는 거예요. 프레드릭이 햇살을 모은 것처럼 우리도 공책에 봄에 만나는 친구들을 모으는 거예요"라고 말하며 공책에 따뜻한 봄 햇살, 포근한 봄 햇살을 쓰며 아이들에게 따라 쓰라고 했습니다.

그리고는 또다시 눈을 감으라고 했습니다.

"이번에는 바람을 한번 느껴보세요. 시원한지, 간지러운지, 날카로운지, 부드러운지."

"시원해요."

"선생님은 바람이 발가락 사이로 지나가는지 느껴보고 싶어서 신발도 벗어봤어요."

"꺄아악~ 발 냄새나요."

그러고는 제 공책에 바람의 느낌을 쓰려는 순간, 바람 세기가 세지면서 엉덩이가 갑자기 시원해지는 거예요. 장난기가 발동한 저는 공책에 '엉덩이를 시원하게 해주는 바람' 이라고 썼습니다. 그 덕에 아이들은 또 다시 깔깔대며 웃었습니다.

"얘들아, 이제는 자유롭게 다니면서 선생님처럼 봄 햇살, 봄바람, 그리고 예쁘게 핀 꽃, 작은 곤충 친구들을 찾아보고 느낌을 담아 공책에 모아오세요. 프레드릭보다 더 많이 모아오는 친구들에게 상품을 주겠어요."

아이들은 상품을 기대하며 여기저기 흩어져 봄을 만나러 떠났습니다.

그렇게 학교 정원에서 봄을 만나보고 교실로 돌아와 아이들의 공책을 살펴보았습니다. 약속한 대로 상품을 줄 친구들을 뽑기 위해서입니다. 가장 눈에 띄는 세 친구의 공책을 선택했고 아이들에게 그 내용을 읽어주었습니다.

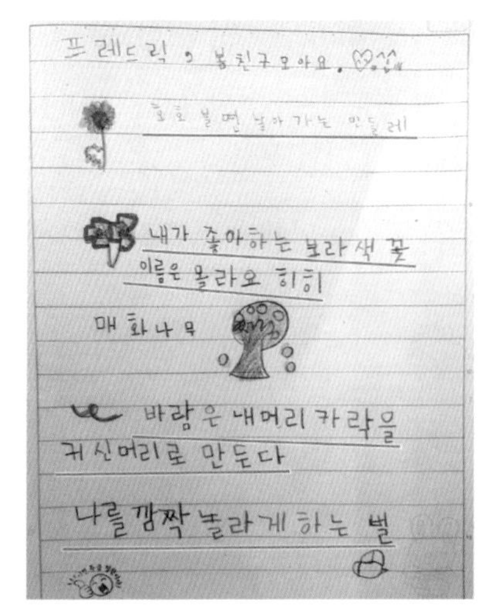

바람이 머리카락을 귀신 머리로 만든다는 표현이 너무 귀엽습니다. 좋아하는 보라색 꽃이지만 이름은 모른다는 것에 수줍은 아이의 미소가 느껴졌습니다.

털 많은 민들레 홀씨라니요. 너무 귀여운 표현이었어요. 그리고 보기 힘든 네 잎 클로버에서는 아이의 마음에 공감이 갔습니다.

프레드릭의 봄친구 모아요.
따뜻한 햇살 손가락 사이로 지나가는
바람 후 불면날아가는 민들레 꽃이 피려고하는새싹
행운을준다는 네잎클로버 사과가 연다는사과나무
아주작고 땅속에사는개미
다양한색깔이있는꽃
별 모양같은 빨강 나뭇잎
꽃을 좋아하는벌

손가락 사이로 지나가는 바람이 너무 시원하게 느껴졌습니다. 행운을 준다는 네 잎 클로버를 찾았을까 궁금하기도 했고요.

영광의 친구들에게 이쁜 캐릭터 지우개를 선물로 주자, 아이들은 역시나 실망의 탄성을 내뱉었습니다.

가슴을 찌르는 한마디도 들려왔습니다.

"나도 노력했는데"

"얘들아, 이 친구들만 이쁜 지우개 받으니까 속상하지? 그럼 너희들도 받을 수 있는 두 번째 기회를 줄게. 바로 짧은 이야기를 한 줄 만들기야. 우리가 모아온 글을 참고해서 프레드릭처럼 이야기를 하나 만들어보세요."

사실, 처음에는 시를 쓰고 싶은 것이 목적이었지만 아이들이 아직 시를 만난 경험이 없었기에 큰 욕심을 부릴 수가 없었습니다.

"선생님, 잘 모르겠어요."

"어떻게 하는 거예요?"

"예를 들면, 선생님 공책에 엉덩이를 시원하게 해주는 바람이라고 쓴 것을 바람아 왜 내 엉덩이를 간지럽히니? 시원하니 좋긴 하구나. 라고 하면 되는 거야. 아니면 해야, 해야, 따뜻하게 해줘서 고마워. 라고 간단하게 써도 좋아요."

"그럼 지우개 받을 수 있어요?"

"당연하지."

"흐응~ 나 자신 없어요. 안 뽑힐 거 같아요."

“걱정 마. 도전은 아름답다!! 오늘 짧은 이야기 쓰기에 도전하는 친구들 모두에게 지우개는 선물로 줄 거예요.”

아이들은 그제야 마음을 놓고 자신의 글에 집중하기 시작했습니다. 유연하게 학급 운영을 잘하시는 선생님들은 적절한 보상으로 아이들을 더 잘 이끌어가시던데 아직 전 내공이 부족하여 결국 모든 아이들에게 상품을 내어주고야 말았습니다.

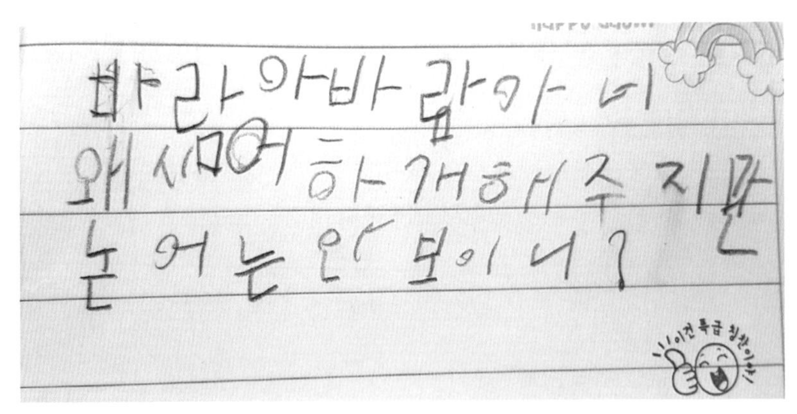

(해석) 바람아, 바람아, 넌 왜 시원하게 해주지만 눈에는 안 보이니?

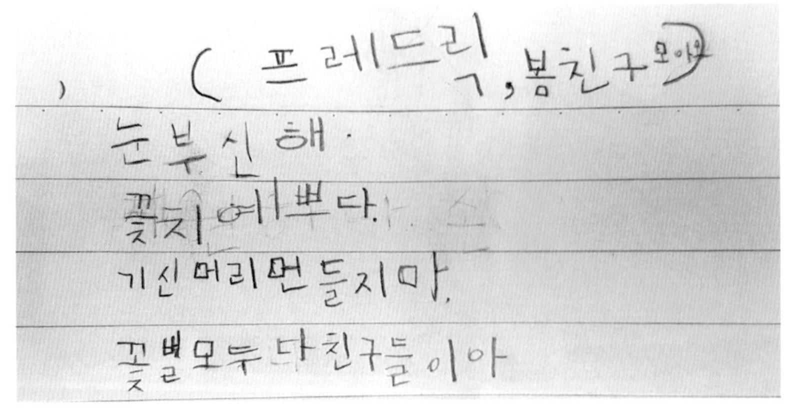

눈부신 해. 꽃이 예쁘다. (바람아) 귀신 머리 만들지 마. 꽃 벌 모두 친구들이야.

예쁜 보라색 꽃이 바람 때문에 살랑 살랑
햇빛이 나를 때 따뜻하게 감싸요 우물이 찰삭찰삭

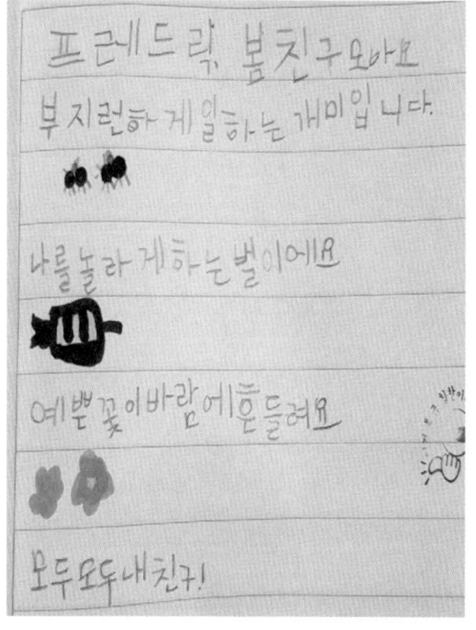

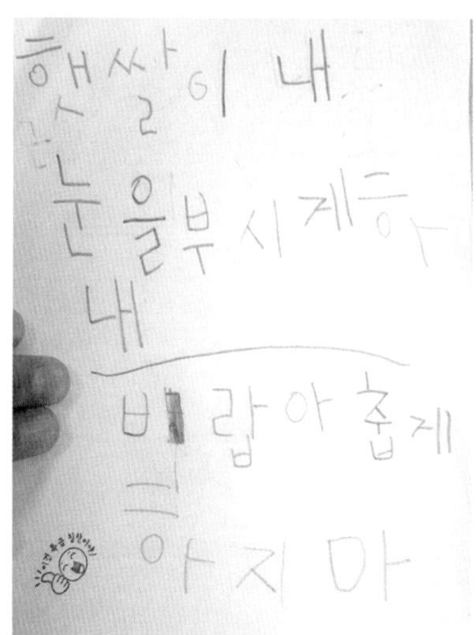

참 이상하죠? 아이들이 쓴 짧은 문장 하나하나가 모두 동시처럼 느껴집니다.

함께 하는 이야기

아이들에게 글쓰기 지도를 할 때는 글쓰기 전, 좋은 글을 많이 보고 충분히 익히는 단계가 필요합니다. 지도하시는 분이 직접 쓴 글을 보여주는 것도 좋습니다. 좋은 글을 많이 읽다 보면 아이들은 직관적으로 어떤 글을 써야 할지 잘 알게 되지요.

그리고 다음으로는 좋은 경험을 가지게 해주세요. 직접 보고 느끼고 관찰하고 만져보는 체험이 좋습니다. 즐거운 활동을 한 후 그 감정을 그대로 글로 옮겨쓸 때 살아있는 글이 나온답니다. 저녁에 하루를 반성하며 쓰는 우리 어릴 적의 일기 방식은 지났습니다. 좋은 글은 그 감정이 담겨있을 때 나오는 거예요. 기회를 놓치지 마세요. 시간이 흐를수록 감정이 새어 나가서 글의 맛도 떨어질지도 모르니까요.

함께 읽은 책

프레드릭

우리나라의 개미와 베짱이 이야기를 닮았습니다. 열심히 일하는 쥐들과 달리 프레드릭은 놀기만 하는 것으로 보입니다. 과연 그럴까요. 추운 겨울 양식이 떨어질 때쯤 프레드릭은 그동안 모았던 양식을 꺼내지요. 책을 읽은 후 아이들에게 물질적인 것만 좋은 양식이 되는 것은 아니라는 것을 꼭 가르쳐주세요.

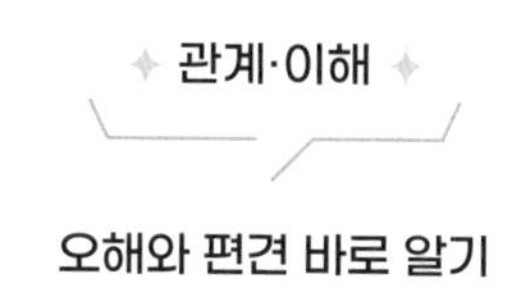

오해와 편견 바로 알기

오해와 이해 사이

모음 글자를 배우고 있었습니다. 같은 모음은 같은 색으로 칠하라는 교과서 내용을 배우기 위해 제가 하는 활동을 TV화면으로 볼 수 있도록 실물화상기에 비췄습니다. 그리고는 아이들과 함께 색을 찾아 칠하기 시작했지요.

"선생님은 'ㅏ' 모음이 사자 얼굴에 있으니까 살구색으로 칠할 거야."

제가 쓱싹쓱싹 칠하는 것을 보고 아이들도 따라 색칠하기 시작했습니다.

"그리고 사자 갈기는 'ㅑ'니까 갈색으로 칠해야지."

갑자기 소란스러워지기 시작했습니다.

"선생님. 사자 몸도 'ㅏ' 인데요."

"선생님 꼬리도요."

"어머. 맞네. 찾아줘서 고마워."

얼른 다른 색 하는 것도 보여주고 싶어서 넘어간 것이지만 열심히 수업을 따라오는 것이 기특해서 모른 체하며 칭찬을 해주었습니다. 그랬더니 아이들은 옳다구나 싶었는지 제가 실수했다고 꼬집으며 야단을 치기 시작했습니다.

"선생님! 꼼꼼히 잘 안 봐서 그렇죠. 저는 눈이 좋다고요."

선생님, 꼼꼼히 잘 봐야죠.
그,그래…
더 꼼꼼하게 볼게.

제 진짜 마음도 모르고 정말 너무합니다. 그런데 한쪽에서 제 편을 들어줍니다.

"야. 선생님이 그럴 수도 있지."

하지만 그편도 제가 실수했다고 믿고 있는걸요. 저는 마치 이지은의 『이파라파냐무냐무』의 털 숭숭이가 된 기분입니다. 평화로운 마시멜로 마을에 나타난 덩치 크고 무시무시한 털 숭숭이요. 외모와 다르게 세상 순한 털 숭숭이지만 알아듣지도 못하는 말을 내뱉는 통에 마시멜로들은 위협을 느낍니다. 마치 그 말이 잡아먹겠다는 소리로 들렸으니까요. 하지만 그것은 오해로 빚어진 일입니다.

오해는 늘 그렇게 상대방을 서운하게 합니다. 하지만 괜찮습니다. 오해가 풀리는 순간 우리는 다시 행복해지니까요.

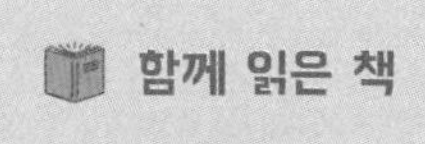

함께 읽은 책

이파라파냐무냐무

마시멜로부터 털 숭숭이까지 귀여운 캐릭터들이 사랑스러운 그림책입니다. 작은 마시멜로 친구들의 다양한 표정까지 느낄 수 있는 책이지요. 오해와 편견으로 인해 벌어지는 소동이지만 이파라파냐무냐무의 뜻을 아는 순간 웃음이 터지고 말 거예요. 아이들과 함께 읽으며 함부로 상대방을 오해하고 행동하면 안 된다는 것을 이야기해주세요. 털 숭숭이가 그동안 얼마나 아프고 힘들었을까요?

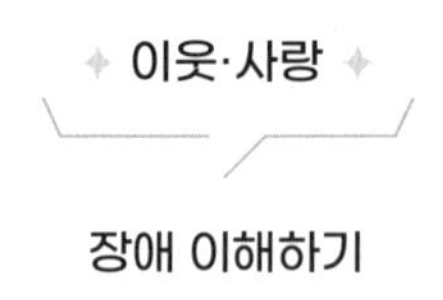

노란 길을 아시나요?

기억이 가물가물한 어느 해, 우리 집 큰아이 공개수업을 보러 간 적이 있었습니다. 어떤 수업이었는지 배움 주제도 솔직히 기억이 나지 않지만, 아이들이 모둠 토의 도중 옆에 서 있는 제게 질문을 하더군요.

"길에 노란색 올록볼록한 타일 같이 생긴 거 그거 이름 아세요?"

당황했습니다. 지나다니며 항상 봐오던 것이었지만 정확한 명칭은 알지 못했으니까요. 얼른 검색 찬스를 썼습니다. 부랴부랴 검색한 후 점자 블록 또는 유도 블록이라는 것을 알게 되어 알려주었습니다.

그 후, 그동안 무관심했던 제가 부끄러웠고 점자 블록이 더욱 궁금해졌습니다. 그러다 이지현의 『캄캄해도 괜찮아』라는 그림책을 발견하게 되었고 아이들과 함께 이야기를 나누고 싶었습니다.

그림책 내용은 아이가 아빠를 소개하는 내용입니다. 한참을 읽고 있는데 예쁜 꽃밭에서 우리 아빠는 자신의 사진을 찍어주는 대신 장미꽃 향을 맡게 한다며, 아빠는 향기를 잘 찾아낸다는 이야기가 나오자마자 한 아이가 소리칩니다.

"아빠가 개 코인가 보다."

하하하. 아이들은 정말 귀엽습니다. 아직 아빠가 시각 장애인인지 눈치채지 못한 모양입니다.

이어서 천천히 읽어 갔습니다. 중간중간 동물원이 나오면 자기들 동물원 간 얘기, 놀이동산에서 놀이기구 탄 얘기들을 섞으며 즐겁게 이야기를 듣고 있었지요. 그러다 우리 아빠는 앞을 볼 수 없다는 말의 문장을 읽어주자 그렇게 시끄럽던 아이들이 갑자기 조용해집니다. 그리고는 뒷이야기에 더욱 귀를 기울였습니다.

책을 모두 읽은 후 다시 표지로 돌아왔습니다. "캄캄해도 괜찮아"라는 제목 밑으로 점자를 발견합니다. 아이들의 이야기가 시작되었습니다.

"선생님. 나 저거 알아요. 엘리베이터에 저거 있어요."

"어. 맞아. 나도 봤어."

"얘들아, 여기 그림책의 아빠가 눈이 보이지 않았지만, 숨바꼭질에서 아이를 잘 찾을 수 있었던 이유가 뭐라고 했지?"

"소리를 듣고요, 냄새도 맡고요, 손으로 만져보면 알 수 있다고 했어요."
"맞아요. 그럼 정말 눈을 가려도 다른 감각으로 잘 알 수 있을지 한번 알아볼까?"

유난히 키가 작은 아이들 몇 명을 교실 앞에 세우고 또 다른 한 명에게는 안대를 씌워 옆에 세웠습니다. 그리고 안대를 쓴 아이에게 지금부터 친구들 손을 만져보면서 선생님 손을 찾아보라고 했습니다. 저는 얼른 작은 아이들 속에 끼어들었습니다. 안대를 쓴 아이는 천천히 아이들 손을 만져보더니 제 손을 잡자마자 찾았다며 손을 번쩍 들었습니다.

"어떻게 알았어?"
"선생님 손이 크잖아요."
"저요! 저요!"
갑자기 난리가 났습니다.
서로 체험을 하겠다고 요란한 소리를 내기 시작했습니다.
"바른 자세로 앉은 친구가 어디 있나?"
그렇게 또 다른 친구들을 앞에 세웠습니다.

이번에는 키가 큰 친구들을 좀 섞었습니다. 또다시 저는 키 큰 친구 옆에 살짝 숨었습니다. 안대를 쓴 친구가 친구들 손을 만지며 가까이 다가왔습니다. 다행히 저보다 먼저 선 친구 손이 제 손만 한 크기였습니다. 그런데 무슨 일입니까. 그 아이 손을 넘어서 제 손을 잡더니 찾았다며 또 손을 번쩍 들었습니다.

“어떻게 알았어? 이번엔 손 크기도 비슷했는데.”

“선생님 손이 엄청 따뜻해요.”

“오호. 그랬구나.”

“저요! 저요!”

또다시 난리가 났습니다.

이번에도 역시 자세가 좋은 친구들 핑계로 또 다른 친구들을 앞에 세웠습니다.

“얘들아, 앞에서는 만져보고 찾았는데 이번에는 냄새로 찾아보는 거야.”

줄을 선 아이들중 한 명의 손에 향기로운 핸드크림을 발랐습니다. 그리고 제 손에도 바른 핸드크림의 향을 안대 쓴 친구에게 맡게 했습니다.

“이 냄새의 주인공을 찾는 거예요.”

안대를 쓴 아이는 손을 코에 갖다 대며 코를 킁킁거리며 향기의 주인공을 찾아 나섰습니다. 그러고는 찾았다며 그 친구의 손을 또 번쩍 들어 올렸습니다.

촉감과 냄새 활동 이후에도 박수 소리와 발소리로 친구가 오른쪽에 있는지 왼쪽에 있는지 알아보는 활동을 이어갔고, 아이들은 서로 안대를 쓰는 역할을 해보겠다며 소리를 질러대었습니다.

아이들에게 이야기를 이어 나갔습니다.

"얘들아, 선생님이 활동하고 나면 재밌었니? 라고 물어보곤 했는데 오늘은 그렇게 물어보는 것이 맞을까? 라는 생각이 들어."

아이들은 어리둥절하게 쳐다보며 제게 집중을 했습니다.

"오늘 여러분과 한 활동은 즐거움을 주기 위해서 한 활동이 아니라 눈이 불편한 친구도 다른 여러 감각으로 충분히 생활할 수 있음을 이해하는 활동이었기 때문이에요. 눈이 불편하다고 해서 무턱대고 불쌍하다고 생각할 것이 아니라 좀 불편하지만 충분히 잘 살고, 또 행복한 생활을 할 수 있다는 것을 알게 되는 시간이기를 바라거든요."

아이들은 진지하게 제 말을 귀담아듣고 더 이상 안대를 씌워달라고 조르지 않았습니다.

그 후 아이들과 점자 블록에 대해 알아보기 위해 학습지를 내밀었습니다.

"얘들아, 표지에 보이는 이 노란 길 있지요?"

"네. 그거 본 적 있어요. 횡단보도 앞에 있어요."

"우리 학교에도 있어요."

"이 노란 길을 점자 블록이라고 해요. 점자 블록은 두 가지가 있는데 하나는 선형, 하나는 점형이에요. 선형 블록은 앞으로 쭉 뻗은 길쭉길쭉한 모양인데, 그 모양처럼 '앞으로 가세요' 라는 뜻이에요. 그리고 점형은 여기서 잠시 기다리세요, 표시하는 것처럼 동그란 모양들인데 '멈춰요' 라고 알려주는 거예요. 앞으로 나아가야 하는 길에는 선형 블록을 이어붙이고 방향을 틀어서 멈춰야 하거나 횡단 보도 앞처럼 기다려야 하는 곳에는 점형 블록을 붙여줘야 해요."

"아~그런데 왜 노란색이에요?"

"그러게. 왜 노란색일까? 시각 장애인들은 정말 앞이 깜깜하게 아무것도 안 보이는 사람들만 있는 것이 아니래요. 조금씩 보이지만 어둡게 보이는 경우도 있는데 이렇게 밝은 노란색 길을 해두면 다른 길과 구분이 되어 알아보기가 쉽다고 해요."

아이들은 교과서 안의 내용을 배울 때보다 더 진지하게 저를 쳐다봅니다. 학습지를 살피며 질문을 이어갔습니다.

"그리고 이 지팡이는 색깔을 어떻게 할까?"

"이쁘게 칠해요."

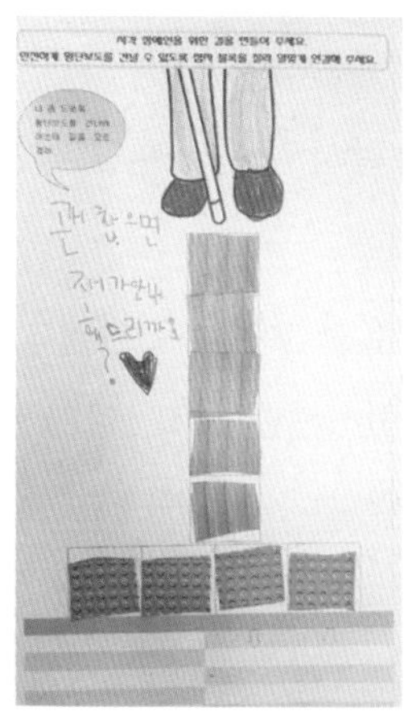
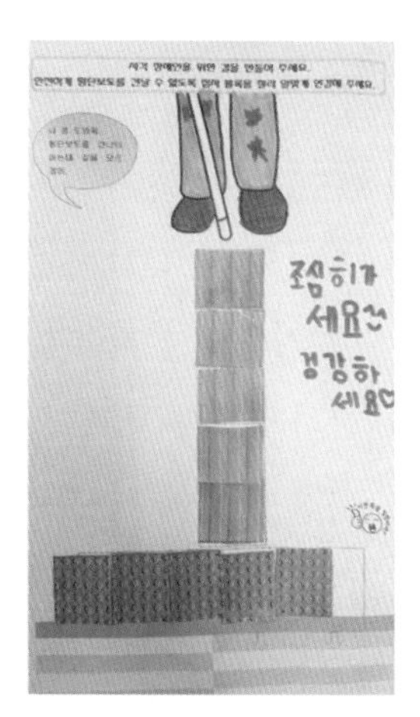

“아쉽지만 아니예요. 시각 장애인을 도와주는 지팡이는 흰색이라고 해요. 이 흰색이 ‘저도 혼자서 잘할 수 있어요’라는 뜻이래요. 옷은 예쁘게 색칠해도 되지만 지팡이는 색칠하지 마세요. 알겠죠?”

“아~네!”

그렇게 아이들과 노란 길을 만들며 학습지 속의 아이에게 해주고 싶은 이야기를 쓰라고 했더니 한 친구가 ‘괜찮으면 제가 도와드려도 될까요?’라는 말을 쓴 겁니다. 맞습니다. 누군가를 도울 때는 무턱대고 도와주는 것이 아니라 꼭 도움이 필요한지 물어봐야 합니다. 이 친구 덕분에 놓칠 뻔한 이야기도 아이들과 함께 나눌 수 있었습니다.

스승은 어디에나 있다더니 오늘 아이에게 또 하나 배워갑니다.

쉬는 시간, 화장실을 가던 여자아이들이 급히 뛰어옵니다.

“선생님, 선생님! 찾았어요.”

“뭘?”

“그거 있잖아요. 복도에 갈색 긴 손잡이 있잖아요.”

“응.”

“거기 끝에 볼록볼록한 점자 있어요. 진짜예요. 빨리 와보세요. 빨리요.”

급하게 나를 끌고 가 확인시켜준다고 난리가 났습니다.

관심 있게 봐주는 것이 얼마나 기쁘던지요.

함께 하는 이야기

아이들과 활동 후 동네 주변을 한 번 둘러보세요. 장애인을 위해 어떤 시설들이 마련되어 있는지 눈으로 확인하고 점검하는 시간으로 말이에요. 관심을 품고 세상을 바라보면 그 시선에 따라 시설들이 의미가 되어 다가온답니다.

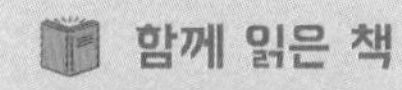

함께 읽은 책

캄캄해도 괜찮아!

책 제목이 점자로도 표현되어있는 것이 특징입니다. 부록으로 기본적인 숫자를 비롯해 점자 공부를 위한 추가 정보도 나와 있고요. 시각 장애인의 불편한 모습이 아닌 다른 장점을 바라볼 수 있는 책이기도 하지요. 우리와 다른 모습을 했다고 해서 불쌍히 여기거나 차별해서는 안 되겠지요. 서로 존중하며 생활할 수 있도록 어릴 때부터 항상 이야기해주세요.

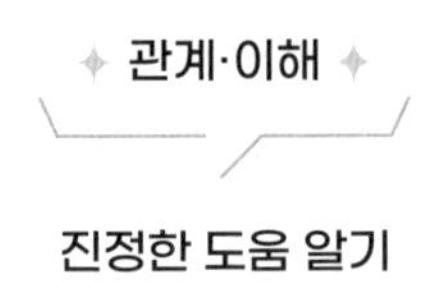

도움이란 무엇일까?

유난히 어린 친구가 있습니다. 한글 익히기도 느리고, 행동도 느려 수업 준비부터 줄서기, 점심을 먹는 속도까지 모든 것이 뒤처지는 아이였습니다. 다른 친구들도 기다리는 것이 너무나 답답했는지 그 아이를 도와주기 시작했습니다. 처음에는 교과서를 꺼내주고 공부할 곳을 펼쳐주며, 줄 설 때 손잡고 데리고 와주었습니다. 그러다 날이 갈수록 친구들의 도움이 선을 넘고 있었습니다.

글자를 잘 모른다는 이유로 대신 글을 써주기도 했고, 색칠이 늦다는 이유로 그림을 그려주기도 했습니다. 더 이상 지켜볼 수만은 없었습니다.

김예원의 『도와줄게』라는 그림책을 함께 읽었습니다. 아기 게는 모래 무더기에서 소녀의 도움으로 꺼내집니다. 그 과정에서 처음 듣게 된 말,

바로 '도와줄게.'

아기 게는 생각합니다. 도와줄게? 처음에는 친구들의 요청에 의해, 다음에는 자기 기분에 취해 다른 친구들을 도와주러 다니다 결국 원치도 않는 도움까지 이르게 됩니다. 마지막 나비와의 대화에서 진정한 도움이 무엇인지 어렴풋이 깨닫게 되는 아기 게의 이야기를 살펴보며 아이들과 진정한 도움이 무엇인지에 대해 함께 이야기해보았습니다.

"애들아, 나비는 왜 아기 게에게 도와줘서 고맙다는 말을 하고 떠났을까? 번데기에서 나오는 것을 도와주지도 않았는데 말이야."

"선생님. 나비는요, 번데기에서 나올 때 도와주면 죽어요."

역시 아이들은 기대를 저버리지 않습니다.

"선생님. 기다려줘서 고맙다고 한 것 같아요."

"나비야 힘내 하고 응원해줘서 그래요."

"애들아, 혹시 도움이 불편했던 적이 있니?"

"아니요."

아직 그런 경험이 없나보다 생각할 때쯤, 한 명이 손을 번쩍 들었습니다.

"선생님. 저는요. 뽑기 할 때 제가 혼자 할 수 있는데 장기영이요, 자꾸 해준다고 해서 불편했어요."

"왜 하필 내 이름을 말하냐고."

"하하하하"

아이들의 이야기를 들으며 조심스럽게 이야기 해봤습니다.

"우리 반 친구가 조금 늦다고 해서 도와주러 가서 글씨를 대신 써주고 그 친구 대신 그림을 그려주고 만들기를 해주는 건 어떻게 생각해? 그것은 진정한 도움일까?"

"아니요."

"그런 행동은 친구를 도와주는 것이 아니라 친구가 배우고 성장할 수 있는 기회를 뺏는 거예요. 아기 게가 나비가 되려는 번데기를 도와 대신 꺼내줬을 때 나비가 되지 못하고 죽는 것처럼 친구가 스스로 할 수 있는 시간을 가져가 버리면 그 친구는 더 이상 성장하지 못하겠지요."

"모르는 글씨를 옆에 써주고 따라 쓰도록 해주거나 색칠이 늦으면 함께 칠해주고 만드는 방법을 가르쳐주며 천천히 기다려주는 것이 진짜 도움인거죠."

아이들과 도움에 대한 이야기를 나누고 이미지 카드를 이용해 도움이라는 가치 사전 만들기에 도전해 봤습니다. 물론 첫 시간이라 첫 술에 배부를 리 없겠지요. 하지만 부족한 첫 시간이 있어야 앞으로 발전할 수 있으니까요.

이미지 카드를 칠판에 붙여두고 사랑이라는 단어로 여러 가지 예시를 들어주었습니다.

(토끼를 가만히 바라보는 이미지 카드) 사랑은 사랑스러운 눈길로 바라봐 주는 것이야.
(물감 이미지 카드) 사랑은 다양한 색이 만드는 무지갯빛 마음이야.

그런 후 아이들에게 도움은 어떤 걸지 이미지 카드로 연상되는 것을 써 보라고 했습니다. 역시 찰떡같이 알아듣는 아이들이 많았습니다.

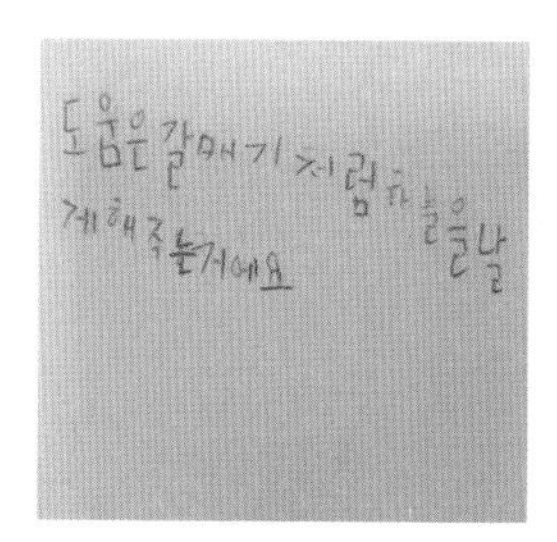

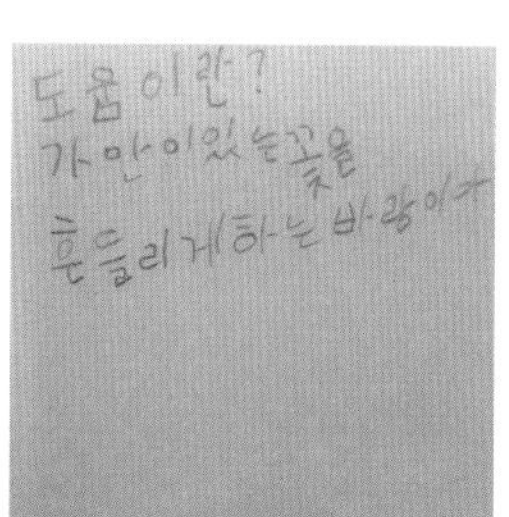

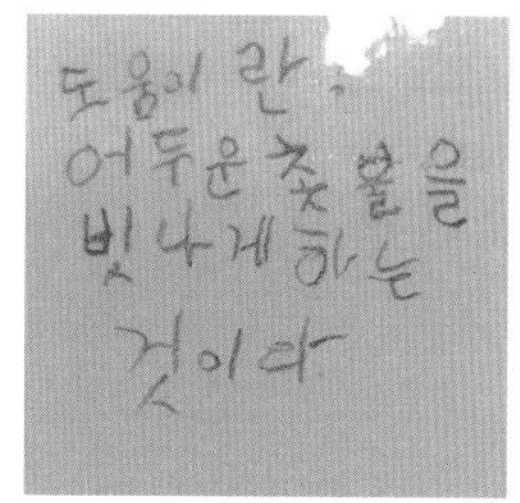

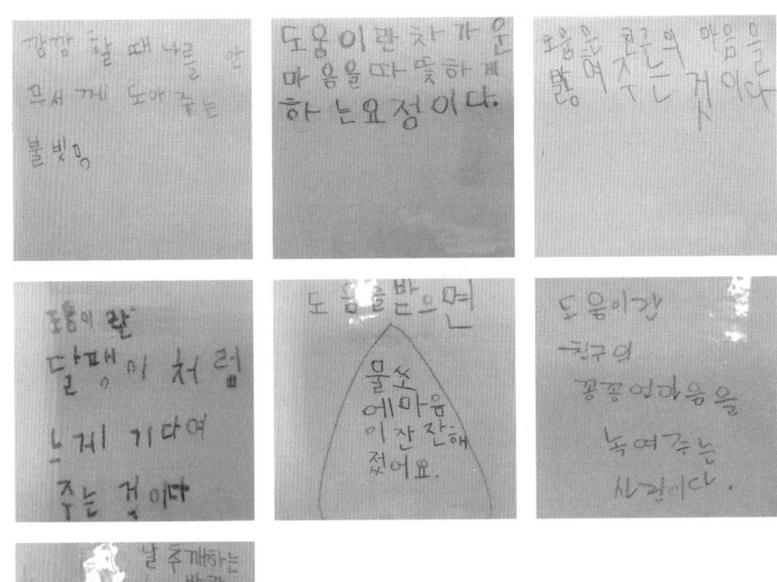

잘못된 도움은 날 춥게 하는 바람.
잘못된 도움에 대해 쓴 친구도 있었습니다.

물론 연상 글쓰기를 잘못하는 친구도 있었습니다. 하지만 잘한 친구들도 또 할래요. 또 할래요. 하며 여러 번 하고 있기에 조금 부족하더라도 칭찬 듬뿍해 주고 또 해보라며 권했습니다. 앞에 잘한 친구들의 글을 중간중간 읽어주면서 어떤 방향인지 이해되길 바라면서요. 그랬더니 두 번째 글을 들고 나오면서, “선생님. 이제 좀 낫죠. 아까보다”라고 스스로 평가를 하더군요.

진정한 도움에 대한 수업 후 아이들은 부족한 친구를 도와줄 때 스스로 문제를 풀고, 스스로 글씨를 쓸 수 있도록 기다려주며 신경을 써주었습니다. 덧셈을 할 때는 옆에서 손가락을 펼쳐주고 있기도 했고, 색칠을 할 때는 구역을 나누어 도와줄 부분만 색칠을 해줬습니다. 그렇게 그 아이도 스스로 문제를 해결할 힘이 생기기 시작했습니다.

함께 읽은 책

도와줄게

도움에 대한 진정한 의미를 생각하게 해주는 책입니다. 그렇다면 우리도 한 번 돌아볼까요. 아이들에게 진정한 도움을 주고 있었는지 말이에요. 아이가 어릴 때는 외출할 때 시간이 없다는 이유로 아이의 신발을 신겨주고, 아직 덜렁댄다는 이유로 책가방을 챙겨주며, 이제는 아이의 진로까지 부모님이 고민한 후 학원을 정해버리시지는 않으셨나요. 그렇게 우리는 아이를 돕고 있다고 착각하고 있었는지도 모릅니다. 진정으로 아이를 위한다면, 대신해 줘야 할까요? 기다려줘야 할까요?

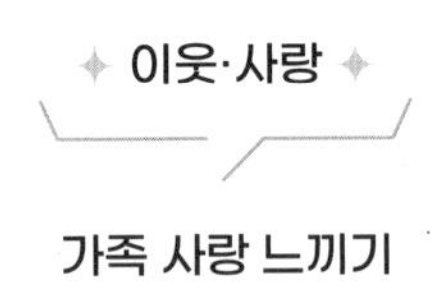

가족 사랑 느끼기

기다림과 그리움

제가 워낙 몸이 약한 편이라 아직도 친정어머니의 도움으로 살고 있습니다. 다행히 가까운 곳에 살고 계셔서 제가 퇴근하고 돌아오면 어머니께서 준비해주신 저녁을 함께 먹고, 아버지 저녁거리를 도시락에 챙겨서 돌아가십니다. 그렇게 저녁 식사가 마쳐지면 어머니의 하루 일과는 끝입니다.

어머니는 어머니대로 고생을 하신다지만 아버지는 또 어떻습니까. 두 분이서 오붓하게 갓 지은 뜨뜻한 밥으로 진지를 드셔야 하는데 도시락이라니요. 제가 정말 면목이 없습니다. 그래서인지, 할머니 할아버지에 대한 그림책이 유난히 눈에 들어옵니다.

정혜경의 『오늘도 기다립니다』는 할머니를 먼저 떠나보내고 혼자 사는 할아버지가 손녀를 기다리는 내용입니다. 아이들은 가족의 범주를 어디까지라고 생각할까요? 그래서 질문해 보았습니다.

"애들아. 너희들은 가족이 몇 명이니?"

"네 명이요."

"세 명이요."

아이들은 대부분 한 집에 같이 살고 있는 이들의 수를 말해줍니다. 물론 저희 집 아이들처럼 할머니 도움으로 함께 사는 가족도 있었습니다.

오늘은 조금 먼 곳의 가족을 소개하고 싶었습니다. 아이들과 함께 그림책을 읽기 시작했지요. 먼저 표지를 살폈습니다.

"애들아. 할아버지가 뭘 하고 계시니?"

"인형 뽑기요."

"나 인형 뽑기 해보고 싶다."

"너 저거 해봤어. 진짜 어려워."

"나도. 나도."

배가 산으로 가기 전에 얼른 멈춰야 합니다.

"애들아. 할아버지가 왜 인형 뽑기를 하는지 이야기를 한 번 들어볼까?"

그렇게 이야기를 읽어 나갔습니다. 아이의 집과 할아버지의 집이 양쪽 페이지로 대칭 구조를 이룹니다.

엄마, 아빠와 함께 있는 아이가 우리 가족이라며 소개하는 장면과 혼자 살고 있다는 할아버지의 장면이 양쪽으로 펼쳐지며 첫 페이지가 시작됩니다. 아이들은 첫 문장부터 몰입하기 시작했습니다. 밝은 색의 아이 일상과 어두운색의 할아버지 일상이 대칭되며 흥미롭게 이야기가 진행되었기 때문입니다. 그러다 아이가 할아버지를 만나는 장면에서 대칭 구조가 사라지고 폭죽이 터지듯 노란 불빛들이 팡팡거립니다. 그렇게 손녀와 할아버지의 소소한 행복이 전해졌습니다.

마지막 책장을 덮고 다시 표지로 돌아갔습니다. 그 많은 인형 중에 손녀 얼굴을 꼭 빼닮은 인형이 숨어 있는 것을 발견하고 소름. 아이들과 탄성을 질렀습니다.

"할아버지는 손녀 인형을 뽑고 싶었던 거네."
그렇게 손녀를 기다리는 마음을 담은 표지였습니다.

혼자 가족을 기다리는 할아버지의 마음을 좀 더 이해하고 싶어 아이들과 역할 인터뷰라는 이름으로 뜨거운 의자 활동을 해봤습니다.

"얘들아. 선생님하고 역할 인터뷰 활동해 볼까?"
사실 뜨거운 의자 활동이라고 말하고 싶었지만 뜨거운 의자라고 말하는 순간, 의자가 왜 뜨겁냐. 진짜 뜨겁냐. 엉덩이는 괜찮냐 등 엉뚱한 방향으로 이야기가 흘러 분위기를 잡지 못할까 봐 급히 이름을 바꿨습니다.

“역할 놀이 알죠? 한 명이 할아버지 역할이 되어서 여기 의자에 앉는 거예요. 그럼 친구들이 그림책 속의 할아버지에게 궁금한 것을 그 친구에게 물어보고 할아버지 역할을 하는 친구는 할아버지의 마음으로 친구들 질문에 대답을 해주는 거죠.”

인물의 마음을 알아보고 싶은 활동이라 감정 카드를 활용하여 아이들에게 질문하라고 했습니다. 감정 카드는 늘 칠판 한쪽에 붙어져 있었으니까요.

할아버지

손녀가 언제 사랑스러웠나요?

손녀가 제 선물을 받고 기분이 좋아졌을 때랑 꼭 껴안아 줄 때요.

손녀가 가장 그리울 때가 언제인가요?

손녀가 아팠을 때 가볼 수 없을때요.

언제 기뻤나요?

손녀가 왔을 때요.

언제 슬펐나요?

손녀가 갈 때요.

언제 괴로웠나요?

손녀가 가고 나니까 괴로웠어요.

역시 처음이라 질문과 대답이 조금 단순했지만, 손녀가 아팠을 때 멀리 있어서 가볼 수 없었다는 할아버지의 대답이 뭉클했습니다. 그림책에 나오지는 않는 상황으로 이야기를 이어간다는 것은 굉장한 몰입이라 볼 수 있었기에 칭찬을 듬뿍하며 다른 인물로도 이어 나갔습니다.

손녀

언제 기대가 됐나요?

할아버지 댁에 갈 때요.

할아버지 만날 때 기분이 어땠나요?

좋았어요.

언제 슬펐나요?

할아버지가 잘 안 들려서 내 말 못 들어 줬을 때요.

언제 답답했나요?

나비를 못 잡았을 때요.

이뻤는데 할아버지가 느려서 놓쳐서요.

언제 미웠나요?

나비 못 잡았을 때랑 할아버지가 말 안 들어줄 때요.

그런데 갑자기 한 친구가 할머니도 해보고 싶다고 하는 겁니다.

"응? 할머니는 그림책에 안 나오는데?"

"그래도. 할머니도 있었잖아요. 돌아가시기 전에."

아이들도 원해서 할머니 역할을 하고 싶다는 아이 한 명을 뜨거운 의자에 앉혔습니다. 아이들의 질문이 또다시 시작되었습니다.

할머니

할아버지랑 손녀랑 놀고 있을 때 어디에 있었나요?

하늘나라에 있었습니다.

왜 하늘나라에 있었나요?

심한 병에 걸려서 갑자기 세상을 떠났어요.

하늘나라에서 뭐하고 있었나요?

손녀랑 딸 그리고 신랑을 보고 있었습니다.

지금 기분이 어떤가요?

영감 옆을 너무 일찍 떠난 거 같아서 조금 슬펐어요.

어떨 때 할아버지가 좋았나요?

영감이 최선을 다해서 나비를 잡아줄 때 신랑이 듬직했습니다.

손녀가 삐졌을 때 기분이 어땠나요?

웃기고 두려웠습니다. 별일 아닌 거에 삐져서 웃겼고 혹시 계속 삐져서 영감이랑 안 놀까 봐 두려웠습니다.

신랑이 걱정됐나요?

네. 나처럼 갑자기 병에 걸려 죽을까 봐 걱정될 때가 있어요.

언제 추억이 생각나나요?

같이 산책하고 자갈길 밟을 때가 생각이 납니다.

참 이상합니다. 하늘나라에 계신 할머니가 홀로 남은 할아버지를 바라보는 시선이 더 뭉클하게 합니다. 영감이라고 표현하는 아이의 말이 가슴에 남았습니다. 나비를 잡아주려고 하는 모습에서 아직도 듬직함을 느낀다니. 아이의 눈빛과 쏟아지는 말에서 따뜻한 가족의 사랑이 느껴졌습니다.

그렇게 활동이 끝나고 아이들과 다시 한 번 가치 사전 만들기에 도전했습니다. 왜냐하면 아이들의 이야기가 궁금했거든요. 제가 이 그림책을 읽고 마음에 품었던 단어는 두 가지입니다. 바로 기다림과 그리움. 아이들은 기다림과 그리움의 차이를 어떻게 해석할지 말입니다. 이름하여 오늘의 띵언 시간.

글자를 아직 못 쓰는 친구라 불러 주는 대로 제가 받아 적었습니다.

굉장히 명쾌합니다. 맞습니다. 저도 택배 기다릴 때 힘들어요.

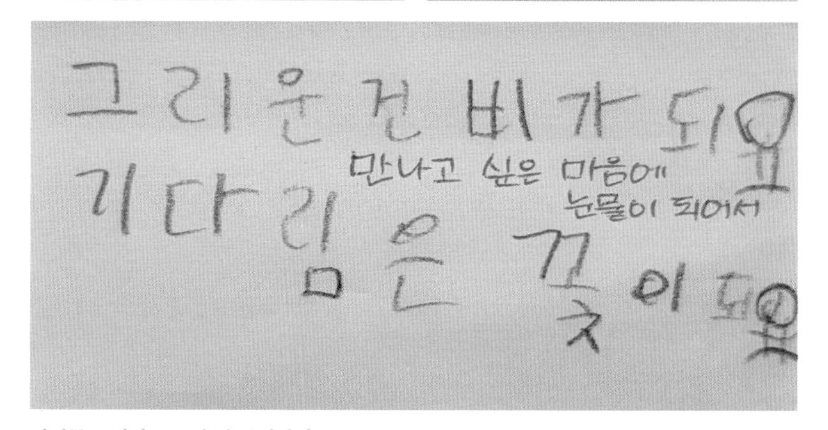

그리운 건 비가 되요
만나고 싶은 마음에
눈물이 되어서
기다림은 꽃이 되요

아이들 글에서 궁금한 건 물어봤어요.
왜 그리운 건 비가 돼?
만나고 싶은 마음에 눈물이 되어서요.
잊지 않기 위해 제가 대답을 메모해 두었어요.

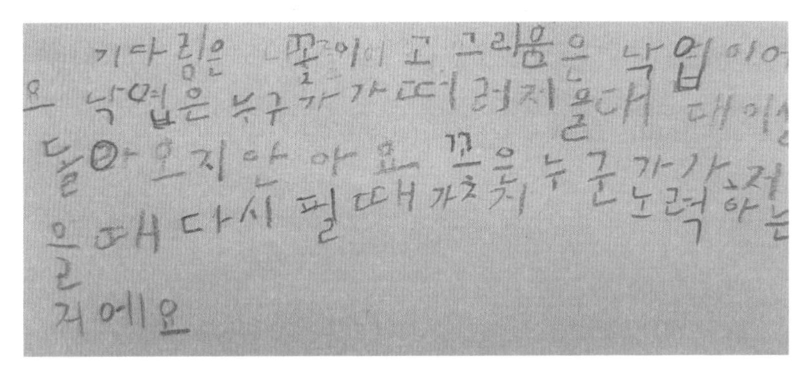

기다림은 꽃이고 그리움은 낙엽이에요.
낙엽은 누군가가 떨어졌을 때 더 이상 돌아오지 않아요.
꽃은 누군가가 졌을 때 다시 필 때까지 노력하는 거예요.

함께 읽은 책

오늘도 기다립니다

멀리 떨어져 있는 가족에 대한 생각을 함께 나눌 수 있는 그림책입니다. 아이와 안부 전화 한 통 어떠세요? 꼭 찾아뵙지 못하더라도 소식을 자주 전하는 것도 사랑이 아닐까요?

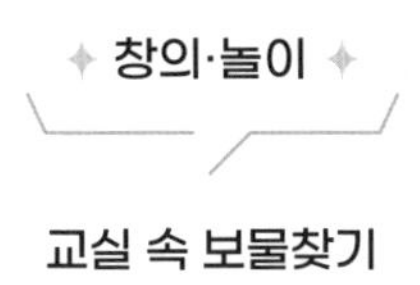

추억의 보물찾기

어릴 적, 소풍이 다가오면 편안히 잠든 기억이 없습니다. 특히 소풍 전날에는 밤새 비가 내리지 않을까 걱정하며 설렘으로 잠을 설치다, 새벽부터 일어나 정성껏 싸주신 김밥을 서둘러 챙겨 학교로 출발했지요.

그렇게 기다리던 소풍 장소는 길고 긴 길을 지나, 높고도 높은 동네 뒷산 언덕이었습니다. 숨을 헐떡거리고 온몸이 땀에 젖었지만, 소풍날의 기대와 설렘은 가시질 않았습니다. 야외에서 먹는 꿀맛 같은 도시락과 과자보다 달콤한 친구들과의 시간이 있었기 때문입니다. 그리고 소풍의 대미를 장식하게 될 두근두근 보물찾기가 기다리고 있었으니까요.

보물찾기 실력이 좋냐고요? 슬프게도 아닙니다. 온 산을 뒤지고 뒤져도 보물을 찾기란 쉬운 일이 아니었습니다. 누군가 흙 속에 숨겨 놓은 걸 찾았다는 소문이 나면 흙이란 흙을 죄다 파대다가, 또 누군가 나뭇가지에 걸쳐져 있는 걸 찾았다고 하면 주변 나뭇가지만 살피고 다녔습니다. 어쩜 학창 시절, 보물을 하나도 찾지 못해 한이 서려 지금도 보물찾기 활동에 애착을 보이는 것일지도 모릅니다. 두 개. 세 개를 찾아내는 친구는 전날 밤 꿈에 돋보기를 든 용이라도 만나고 온 걸까요?

찾지 못한 서러움은 묻어두고 보물을 찾을 때의 그 기대와 흥분을 아이들과 나누고 싶어 매년 교실 속 보물찾기 활동을 하고 있습니다. 뜬금없이 아이들에게 보물을 찾자고 할 순 없으니 아이들을 자연스레 이끌기 위해 항상 함께 읽는 그림책이 있습니다. 바로 존 클라센의 그림을 만날 수 있는 『샘과 데이브가 땅을 팠어요』입니다.

샘과 데이브는 어마어마하게 멋진 것을 찾기 위해 땅을 파기 시작합니다. 땅속에는 보석이 숨어 있는데요. 보석을 찾을 때쯤 다른 길로 방향을 바꾸어 땅을 팝니다. 그렇게 다른 길로 갈 때마다 더 큰 보석들이 포기했던 길 속에서 나타나지요. 그것도 독자 눈에만 보이게 말입니다. 한 장 한 장 그림책을 넘길 때마다 아이들은 탄식을 하며 가슴을 치고, "여기라고 여기!!"라며 답답해서 소리를 치기도 합니다.

그렇게 책장을 덮고 나면 아이들에게 우리 반 곳곳에도 보물이 숨겨져 있다고 말합니다. 동그래진 눈과 흥미로운 표정으로 벌써부터 흥분이 시작됩니다.

제 어릴 적 보물찾기의 아픔을 되새기며 아이들에게 지켜야 할 규칙을 먼저 알려줍니다.

"한 사람이 딱 한 개의 보물만 찾을 수 있어요. 보물 쪽지를 찾은 친구는 선생님이 선물로 바꿔줄건데요. 만약 하나보다 더 많이 찾은 친구는 욕심 때문에 선물이 사라집니다. 다른 친구들이 모두 하나씩 공평하게 찾을 수 있도록 옆에서 응원 해주세요."

아이들은 그렇게 보물 같은 제 메시지를 찾아냈고 어린이날 선물로 사다 놓은 이쁜 문구류를 받아 갔습니다.

꼭꼭 숨었는데
어떻게 찾았지??
보물 들켰네 ♡

왜 이렇게 늦게
찾았어~
얼마나 기다렸다궁~
보물 삐졌엉~

이건 특급 칭찬이야
보물 찾기 대성공

오잉?
어떻게 찾은거야?
좀더 꼭 꼭 숨을걸.
보물찾으니까 어때?

보물 중의
보물이야 !!

날이 좋아서
날이 좋지 않아서
날이 적당해서
♡ 보물을 찾았구나

넌 보물찾기의 신이야
대단해 ♡

꽝!!
속았지롱~
보물이야!!

사랑해
뽀뽀쪽 ♡♡♡
넌 나의 보물
난 너의 보물!!

진짜 진짜
최고의 보물!!

넌 누구냐??!!
난 보물이다!!

메롱
보물 찾은것
축하해 ♡

함께 읽은 책

샘과 데이브가 땅을 팠어요

『샘과 데이브가 땅을 팠어요』는 깊이 들여 다 볼수록 심오한 의미를 담고 있습니다. 샘과 데이브가 보석을 찾지 못했지만 아래로 아래로 떨어져 집으로 다시 돌아오거든요. 정말 어마어마하게 멋졌다는 말을 하고 말이지요. 무엇이 어마어마하게 멋진 것인지 말해주지도 않습니다. 그리고 돌아간 집은 출발한 집과는 조금 다른 모습이기도 하지요. 아이들과 앞장과 뒷장의 집 모습을 비교해가며 다른 점을 찾아보고 무엇이 어마어마하게 멋진 것인지 이야기해보는 활동도 한 번 해보세요.
샘과 데이브가 진정으로 찾으려던 것은 무엇일까요? 기억해보세요. 한 번도 보석이라고 말한 적이 없잖아요.

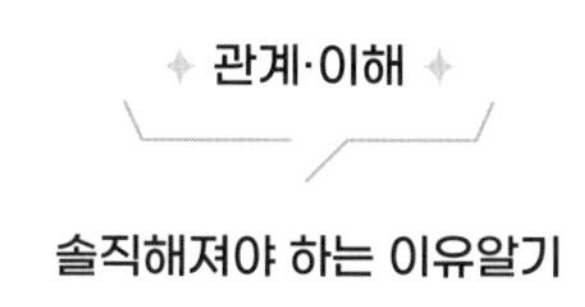

솔직해져야 하는 이유알기

싸나이의 조건

우산을 펼쳐야 할까 말아야 할까 고민이 될 만큼 비가 보슬보슬 내리는 날, 우산을 펼치고 아이들 하교를 위해 줄을 서서 걸어가고 있습니다. 앞장 선 제 등 뒤로 한 아이가 억울하다는 목소리로 저를 크게 부릅니다.

"선생님."

"응?"

"저는 그냥 비가 맞기 싫어서 우산을 쓴 건데, 재성이가 저보고 싸나이 아니래요."

그 말을 듣고 뒤를 돌아보니 재성이가 한없이 거만한 표정으로 비를 맞고 서 있습니다.

후훗
싸나이라면 이 정도 비는 맞아줘야지.

이번에는 급식 시간입니다.

수제비에 오리 불고기, 상추쌈. 콩나물무침이 나왔습니다. 아이들을 각자 자리에 앉히고 저도 점심을 먹으려고 한 술 뜨는데 제 등 뒤에서 남자아이들 목소리가 떠들썩하게 들리기 시작했습니다.

"와~ 싸나이네~"

밥 먹다 갑자기 싸나이라니. 무슨 일인지 궁금해서 뒤를 돌아보니, 주영이가 상추를 양손에 들고 산적 고기 뜯듯이 뜯어 먹고 있습니다.

"싸나이는 이 정도로 먹어줘야지!"

주영이의 모습을 보며 옆에 앉은 남자아이들이 낄낄대며 진짜 싸나이라며 추켜세우고 있습니다.

이토록 귀여운 허세 덩어리들을 어쩌면 좋습니까.

정다이의 『형이 짱이지?』그림책 속 주인공이 떠오릅니다. 놀이터에서 울고 있는 동생을 보더니 그네를 탄 형이 또 우냐며, 언제 형처럼 될 거냐는 말과 함께 형의 허세 담긴 이야기들이 시작되지요.

절대 울지 않는다며 매운 김치도 씻지 않고 먹고, 무서운 주사도 세상에서 제일 잘 맞는다고 허풍을 키우고 또 키우지요. 그러다 모든 동생들이 몰려와 형이 최고라며 우러러볼 때쯤 작은 것 하나에 허세가 들통 나 무너지고 마는데요. 그 모습이 여간 귀여운 게 아닙니다.

그런데 아이들과 이 책을 읽으면 어떤 반응인지 아시나요?

바로 "뭐~ 거짓말쟁이~", "말도 안돼~", "해봐. 해봐~"로 시끌시끌합니다. 그래서 물었습니다.

"만약에 우리 친구 중에 이런 말을 계속하면 어떨 것 같아?"

"친구 안 하고 싶어요."

"내가 보는 데서 해보라고 하고 거짓말이면 절대 안 놀 거에요."

"진짜 싫어요."

역시 허세는 잘 모르는 동생들에게나 통하는 것인가 봅니다. 혹시나 허세가 가득한 자녀분이 계신다면 이 말을 꼭 전해 주세요. 친구들에게는 과장된 허세보다는 진짜 자기 모습을 보여주라고요. 솔직하고 정직한 모습으로 친구를 만나야 친구도 진짜 모습을 보여준다고 말이지요.

 함께 읽은 책

형이 짱이지?

허세 가득한 작은 아이의 모습을 그려진 책입니다. 동생들의 반응에 힘을 얻어 허세의 덩이를 키우고 또 키우지요. 하지만 허세의 끝은 꼭 슬픈 결말입니다. 진짜 내 모습. 솔직한 내 모습이 가장 멋진데 말이에요. 하지만 아이들은 잘못하는 것에 대해 솔직하게 말하기를 꺼려합니다. "나도 할 줄 알아", "나도 해봤어"라는 말로 지기 싫어하지요. 아이들에게 못하는 것을 솔직하게 말하는 것은 지는 것이 아니라 용기 있는 일이라고 꼭 말해주세요. 솔직한 내 모습을 말할 수 있는 용기 말이에요.

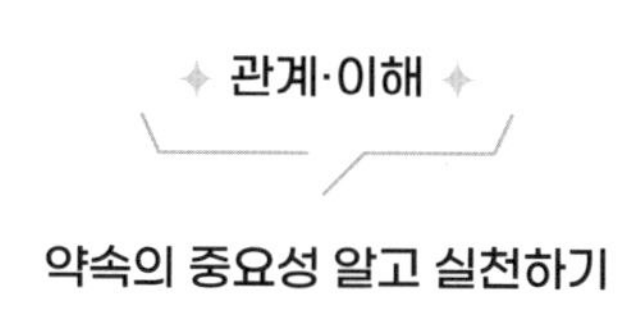

약속의 중요성 알고 실천하기

약속

제가 근무하는 학교는 조금만 돌아가면 작은 하천이 흐르는 긴 산책로가 이어져 있습니다. 아이들은 학교를 오고 갈 때, 듬성듬성한 징검다리로 하천을 건너고 푸릇푸릇한 풀 길 따라 재잘거리며 친구와 함께 그 길을 지나간답니다.

그날은 개인적인 일이 있어 수업을 마친 후 일찍 조퇴를 한 날입니다. 저도 산책로를 따라 집으로 가기 위해 내려가는데 하천 반대편으로 저희 반 남자아이 둘이 보이는 겁니다. 그런데 참 신기합니다. 한 명은 우리 반 가장 개구쟁이 친구고 또 한 명은 우리 반 가장 말 없는 친구입니다. 둘의 조합이 신선하게 다가왔습니다. 게다가 자리도 엄청 멀리 떨어져 있었거든요. 이름을 크게 부르려다 두 아이의 하굣길 모습이 궁금하기도 하여 아이들 모습을 말없이 지켜보았습니다.

여름 볕이 뜨겁던 날. 하천길을 따라가는 작은 두 아이는 풀길 위에서 앞서거니 뒤서거니 그렇게 걸어갑니다. 그러다 갑자기 말 없는 친구가 쪼그려 앉아 손바닥으로 길을 툭툭 두드립니다. 그리고는 개구쟁이 친구에게 뭐라 뭐라 하는 거예요. 그런데 개구쟁이 친구는 보는 듯 마는 듯 끄덕끄덕하며 가던 길을 걸어가더군요.

무슨 일인가 싶어 자세히 들어보니
"여기야. 여기. 토요일 알겠지?"
"응. 알겠어."
"딱 여기서 있어야 돼. 여기. 알겠지?"

풀길 위에 손바닥으로 두드리는 그 자리에서 토요일 만나기로 약속을 하나 봅니다. 쪼그려 있던 아이는 그렇게 약속을 통지한 후 일어서 뒤를 돌아 집으로 돌아갔습니다.

풀길 한가운데가 약속 장소라니…. 게다가 오늘은 수요일이라고요.

제발 돌아보지도 않고 끄덕이던 그 친구가 토요일 약속을 잊지 않았으면 좋겠습니다.

긴긴 날이 지나고 다시 만날 약속을 담은 그림책이 있습니다. 조르지오 볼페의 『잠들기 전에 약속할게』입니다. 그림체부터 전해오는 글까지 너무 따뜻한 이야기입니다. 붉은 여우 로쏘와 회색 쥐 퀴크의 아름다운 우정이야기지요. 행복한 시간을 보내는 두 친구에게 겨울은 슬픔의 냄새, 외로움의 냄새였습니다. 바로 추워진다는 건 가장 친한 친구 쿼크가 겨울잠을 자야 한다는 뜻이기도 하거든요. 로쏘는 쿼크가 잠들지 않을 방법을 생각해내지만 쿼크의 눈은 점점 감기고 맙니다. 하지만 둘에게는 단단한 약속이 있습니다. 그리고 그 약속이 서로를 이어주고 있습니다.

약속이란 그렇게 서로를 이어주는 단단한 힘인 것 같습니다. 그래서 약속이란 무겁기도 하고 신중해야 하기도 하는 것이겠지요. 아이들과 함께 읽으며 마음을 이어주는 약속 활동을 해보세요. 긴긴 겨울잠은 아니지만 매일 밤 잠드는 아이에게 잠이 깬 아침 서로 꼭 안아주기로 약속, 밝은 햇빛 아래 맑은 웃음으로 인사하기로 약속. 어떠세요?

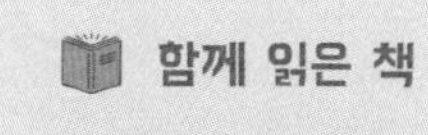

함께 읽은 책

잠들기 전에 약속할게

겨울잠을 잘 수밖에 없는 쥐와 헤어짐이 아쉬운 여우의 마음이 잘 표현된 작품입니다. 겨울잠에 들지 않게 하기 위해 생각해낸 방법들이 너무 귀엽고 사랑스럽거든요. 하지만 둘의 약속이 있기에 긴 겨울을 잘 보낼 수 있을 거라 생각합니다. 아이와 잠들기 전 지킬 수 있는 작은 약속들도 한번 정해보세요.

그래, 더 멋지게 성장하는 거야

_나를 이해하고 관계 맺기

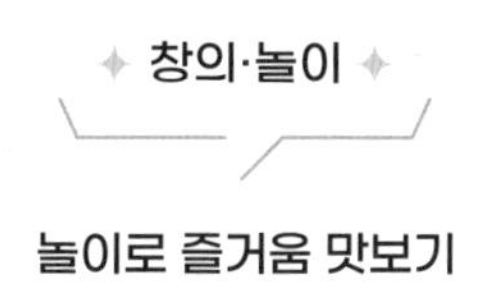

놀이로 즐거움 맛보기

내겐 너무 큰 당신

가을하면 무엇이 떠오르시나요. 알록달록 물들인 단풍, 우수수 떨어지는 낙엽, 기다리고 기다리던 가을 소풍, 그리고 만국기 휘달리는 가을 운동회.

요즘 학교에서는 가을 운동회보다는 따뜻한 봄날, 작은 운동회를 더 많이 열고 있습니다. 하지만 쌀쌀해지는 요맘때만 되면 떠오르는 사건이 있습니다. 가을 운동회의 꽃. 1학년 큰 공 굴리기지요. 때는 바야흐로 십여 년 전 만국기 휘날리는 가을 운동회 날이었습니다.

큰 공 굴리기 시합을 위해 두 반이 길게 줄을 늘어서 있었습니다. 청군과 백군 응원 소리가 운동장을 가득 메우고 아이들의 눈빛은 긴장감이 감돌고 있었습니다. 출발 신호와 함께 맨 앞줄의 작은 친구들부터 출발했습니다. 그저 큰 공 하나 굴리는데 아이들은 어쩜 그리 즐거워할까요. 깔깔거리며 반환점을 돌아 뒷사람에게 배턴을 이어줍니다. 저도 우리 반 아이들을 응원하며 열심히 고함을 질러대고 있는데 뒤에서 누가 톡톡 저를 두드립니다. 고개를 돌려보니 첫 번째 주자였던 키 작은 여자아이였습니다. 그런데 울먹거리며 저에게 속삭이는 겁니다.

"선생님. 앞이 안 보여요."

"뭐?"

아이의 말에 너무 놀랐습니다. 공을 굴리다 어디 부딪힌 게 아닌가 걱정이 되었으니까요.

"앞이 안 보인다고?"

"네. 공이 너무 커서 앞이 안 보여요."

"???"

"어디로 가야 하는지 모르겠다고요."

하하하. 너무 귀엽습니다.

어디로 가야 하는지 모르겠지만 잘 다녀왔잖니. 인생이란 그런 것이란다.

자~, 어서 자기 자리로 돌아가 다른 친구들을 또 응원해주렴.

그렇게 추억이 되고 만 가을 운동회의 모습을 담고 있는 그림책이 있습니다. 임광희의 『가을 운동회』입니다. 요즘과는 너무 다른 가을 운동회의 모습이라 장면마다 옛 추억을 떠올리며 설명이 필요한 책이기도 합니다. 운동회가 펼쳐지는 학교 앞에는 삐악삐악 병아리를 팔았고, 수많은 길거

리 음식, 사진사들이 전을 폈지요. 청군과 백군이 나뉘어 경기를 하고, 모두가 함께 보는 학년별 무용 공연, 그리고 무엇보다 아이들이 가장 부러워하는 점심시간이 운동장 가장자리에서 펼쳐지는 풍경입니다. 그런 옛 풍경에 부러운 탄성을 내지르기도 하지요.

이쯤 되면 아이들을 위해 작은 운동회라도 열어야 되지 않겠습니까. 『콩닥콩닥 신명나는 책 놀이』의 공저자인 이세진 선생님의 연수에서 배워온 내용입니다.

네 명으로 이루어진 모둠 대항 경기인데요. 모둠별로 달리기 선수, 창던지기 선수, 양궁선수, 높이뛰기 선수를 정합니다. 첫 번째 달리기경기를 위한 선수 입장 시간입니다. 아이들은 "아~ 선생님, 교실에서 뛰면 위험할 거 같은데요"라며 팔을 돌리고 다리를 풀며 고개도 까딱거립니다. 달리기 좀 한다는 친구들이 다 모였으니 몸 좀 풀만 하지요.

하지만 책상 세 개를 길게 늘어 붙인 저는 한마디 합니다.

"팔다리 풀 것 없어. 병뚜껑 달리기니까."

"눼에??!"

여러 가지 병뚜껑을 모둠별 대표가 하나씩 고른 후 책상 끝에서 끝까지 손으로 튕겨 가장 멀리 나가는 팀이 우승입니다. 물론 밀어내기 있고요. 떨어지면 탈락입니다. 기회는 단 한 번. 그때부터 열띤 응원이 시작됩니다.

두 번째 경기는 양궁입니다. 도저히 가늠할 수 없는 경기. 칠판에 큰 과녁을 그립니다. 그리고 원 안에 점수를 매겨 넣지요. 그리고는 한 명씩 차례로 코끼리 코를 여덟 바퀴 돈 후 젖은 휴지를 과녁을 향해 던집니다. 어지러움을 이기고 과녁에 정확히 맞춰 던지는 아이도 있지만, 과녁과는 전혀 상관없는 다른 곳에 던지는 아이, 자신의 슛으로 인해 앞 선수의 휴지가 바닥으로 떨어지는 상황까지 더해지며 한층 즐거움이 올라갑니다. 아이들의 응원과 환호는 더욱 커지게 되지요.

세 번째 경기는 창던지기입니다. 바로 종이비행기 멀리 날리기. 모둠에서는 필살 종이접기 권법이 다채롭게 펼쳐집니다. 대표 선수는 어깨를 돌리며 몸을 풀고 연습에 들어가지요. 종이비행기를 좀 더 멀리 날리기 위한 팔 어깨 운동 말이에요.

마지막 경기는 높이뛰기입니다. 가운데 책상을 두고 그 위에 의자를 올립니다. 예상이 되시나요? 높이뛰기는 아이들의 실내화가 진짜 선수입니다. 실내화를 발에 살짝 걸친 후 쏘아 올립니다. 책상 위에 놓인 의자에 실내화를 정확히 안착시키는 팀이 승리이지요.

어떤가요? 여러분도 가정에서 작은 운동회를 한번 열어보세요. 풍선 배구도 좋고 얼굴에 붙인 종이 떼기 경기도 좋으며 입김으로 화장지를 공중에 오래 띄우기 경기도 좋습니다.

함께 읽은 책

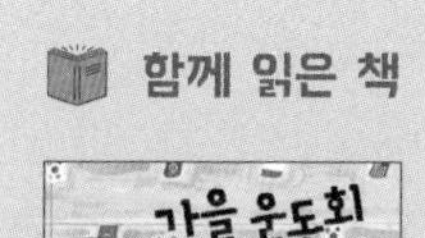

가을 운동회

가을 운동회는 1학년 교과서에도 수록된 그림책이기도 합니다. 옛날 옛적 가을 운동회의 모습이 담겨있어 '요즘 아이들에게 공감이 갈까?'라는 생각이 들었지만 읽어 줄 때마다 아이들은 즐거워했습니다. 역시 아이들은 예상하기 힘든 존재입니다. 함께 읽고 즐거운 가족 운동회를 시작해보세요.

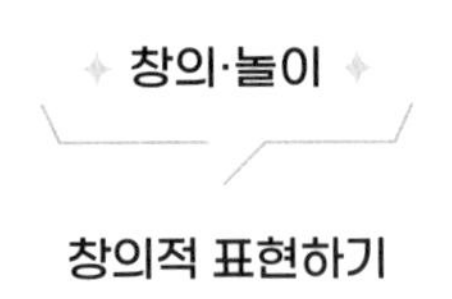

창의적 표현하기

꽃보다 도깨비

날씨가 화창한 날이었습니다. 이런 날 집에 있었다면 집 안 곳곳을 청소하고 밀린 빨래를 하며 햇살을 만끽했을 테지요. 늦은 점심을 먹고 산책을 나가면 딱 좋은 그런 날. 아이들과 함께 사토 와키코의 『도깨비를 빨아버린 우리 엄마』를 함께 읽었습니다.

워낙 유명한 책이고 오랫동안 사랑받아 오던 그림책이라 아이들과 출간이 언제 되었나 싶어 살펴보니 1991년이라고 합니다. 아이들은 놀라 외칩니다.

"뭐? 30년이 지났다고?"

"우리가 태어나기도 전에?"

그림책을 함께 읽으며 그렇게 오랫동안 사랑받는 이유를 알게 되었습니다. 즐겁고 유쾌한 내용에 흠뻑 빠져버린 아이들. 수많은 도깨비들이 몰려와 서로 빨아달라고, 다시 그려달라고 조르며 끝이 납니다.

“세상을 뒤덮은 도깨비들을 엄마는 열심히 빨아 줄 테지만 이쁜 얼굴로 다시 그리려면 손이 모자라겠는데? 우리가 엄마를 도와서 이 도깨비들을 그려줄까?”

“네!!!”

“엄마가 너무 깨끗하게 빨아서 색깔까지 다 없어진 도깨비를 우리가 이쁘게 색칠해서 꾸며주자. 옷을 입혀주고, 신발도 신겨주고.”

학습지를 받아보고는 아이들이 소리칩니다.

“선생님. 이 배꼽은 어떻게 해요?”

배꼽 모양이 신경 쓰였나 봅니다.

“배꼽? 어쩌지? 안 보이게 무늬를 넣어보는 건 어때?”

아이들에게 대충은 없습니다.

티셔츠를 입힐 건데 배꼽이라니요. 말도 안 되는 소리겠지요. 나름의 방식으로 세상에서 가장 이쁜 도깨비들을 그려줍니다. 그렇게 탄생한 꽃보다 도깨비를 감상해 보시죠.

함께 하는 이야기

간혹 고민을 토로하시는 분이 계십니다. 1학년인데 아직까지 혼자 책을 읽지 않는다고요. 저는 중3 아들과 아직도 그림책을 함께 읽습니다. 경기도중등독서교육연구회가 내놓은 『함께 읽기는 힘이 세다』라는 책도 있습니다. 너무나 공감하는 말이지요. 함께 소리 내어 읽으며 느낌을 나누고 공유하다 보면 평소 아이의 생각과 가치관을 알 수 있는 기회가 되기도 하거든요. 존 클라센의 『내 모자 어디 갔을까?』를 읽으며 누가 거짓말을 하는지 그림책을 뒤져가며 증거를 찾아 서로 의견을 나누기도 하고, 이형진의 『뻐꾸기 엄마』를 읽으며 남의 둥지에 숨어 들어가 어미 새의 알을 모두 떨어뜨리고 자신의 알을 낳고 간 뻐꾸기의 알을 어미 새가 품어줘야 할지, 품어서는 안 될지에 대한 열띤 토론을 하기도 하지요. 이처럼 그림책은 함께 이야기 할 거리의 주제를 무궁무진하게 전해 준답니다. 그런데도 아이 혼자 읽고 그냥 넘기실 건가요.

10권씩 100권씩 혼자 책 읽는 옆집 아이를 부러워하지 마시고 부모님께서 함께 책을 읽어주세요. 책을 읽으며 서로 이야기하는 시간을 가지다 보면 그 책은 그냥 책꽂이 속의 한 권이 아닌 소중한 추억의 한 조각이자 아이의 가슴에 새겨질 의미가 되는 것입니다.

너라면 어떻게 했을 것 같아? 왜 이렇게 행동하는 걸까? 엄마와 닮은 점이 있니? 만약에 이러면 어떨까? 아주 오랫동안 많은 아이들이 이 책을 좋아하는 이유가 무엇일 것 같아? 컴퓨터를 이용해 유기견 문제, 환경 문제를 좀 더 자세히 알아볼까? 창의적인 생각과 삶을 들여다볼 수 있는 다양한 질문으로 책을 깊이 들여다보는 것이 10권 100권의 책을 읽는 것보다 훨씬 가치 있는 독서법임을 잊지 마세요.

 **함께 읽은 책**

도깨비를 빨아버린 우리 엄마

도깨비를 빨아버린 우리 엄마에 이어 도깨비를 또 빨아버린 우리 엄마라는 그림책도 있어요. 빨래를 좋아하는 엄마 덕에 씻어야 할 도깨비들이 어마어마하지요. 다시 그 도깨비 얼굴을 그려줘야 하니 우리의 도움이 왜 안 필요하겠어요. 아이와 함께 도깨비 모습도 그려보고 다양한 표정 그리기 활동도 한번 해보세요.

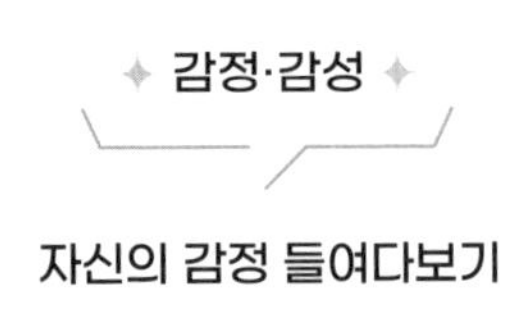

내 안의 무지갯빛

사람은 다양한 감정을 품고 삽니다. 갱년기가 찾아온 신랑은 하루에도 몇 번씩 화가 올랐다가 내려간다고 합니다. 저 역시 별거 아닌 일에 화가 났다가 별거 아닌 일에 웃기도 하고 마냥 행복하다가 텔레비전 속 주인공이 울기라도 하면 순식간에 감정이 전염되어 눈물을 흘려댑니다. 사람의 감정을 색으로 나타낸다면 그야말로 무지갯빛이겠지요.

그림책 공부를 함께 하는 선생님들께 물었습니다. 제가 무슨 색으로 보이냐고요. 대부분 따뜻하다는 말과 함께 분홍색, 노란색으로 저를 표현해 주시던데 딱 한 분만 갈색이라고 말해주시더군요. 이유를 물어보니 자주는 아니지만, 가끔 제가 학교를 다니는 모습을 보시곤 한답니다. 그럴 때마다 그 모습이 시든 갈대처럼 힘이 없어 보인다고. 푸하핫. 정말 제대로 보셨습니다. 아이들과 정신없이 하루를 보내고 나면 시들고도 시든 갈대가 되니까요. 바람만 불어도 휘청입니다.

여러분의 하루는 어땠나요? 그리고 오늘 몇 가지의 색을 가슴에 품었나요? 힘겨운 아침 눈을 뜨고 생각합니다. 그리곤 실망하지요. '아. 아직 화요일밖에 안 됐구나.' 막막함의 검은색이 아침부터 가슴에 가득 찹니다. 학교에서는 귀여운 아이들 발상에 무장해제를 선언하며 샛 노란색을. 수업 집중을 위해 목이 터져라 애쓰는 모습에선 열정의 빨간색을. 그리고 퇴근길 지친 마음의 구부정한 갈색이 되었다가. 퇴근 후 따뜻한 물에 몸을 녹이며 평온함의 초록색을 품기도 하지요. 다양한 일상과 감정을 색으로 표현해 보니 참 재미있습니다.

아나 예나스의 『컬러 몬스터 감정의 색깔』은 아이들과 색으로 이야기하기 좋은 그림책입니다. 어떨 때 그런 감정이 드는지. 그럴 땐 어떤 색으로 마음이 변하는지 말이에요. 아이들의 이야기를 듣고 싶어 그림책을 함께 읽고 이쁜 병에 자신의 마음 색깔을 모아보게 했습니다. 그리고는 어떨 때 그런 색이 되는지, 그때의 특징이나 주의사항이 있는지 함께 기록하라고 했어요.

대신 최대한 자세히 상황을 알려달라고 했습니다. 단순히 화가 났을 때, 기쁠 때라고 하는 것보다는 동생이 장난감을 뺏어서 화가 났을 때, 엄마에게 조르고 졸라 갖고 싶은 핸드폰을 받았을 때처럼 말이에요.

아이들의 감정을 담은 색을 한번 살펴볼까요.

아이들의 감정도 이제 이쁜 병에 잘 나누어 담았으니 감정이 뒤죽박죽 되는 일은 없겠지요. 이런 수많은 감정 중에 아이들이 행복이라는 감정을 잘 찾아내고 집중하며 살아갔으면 하는 바람입니다.

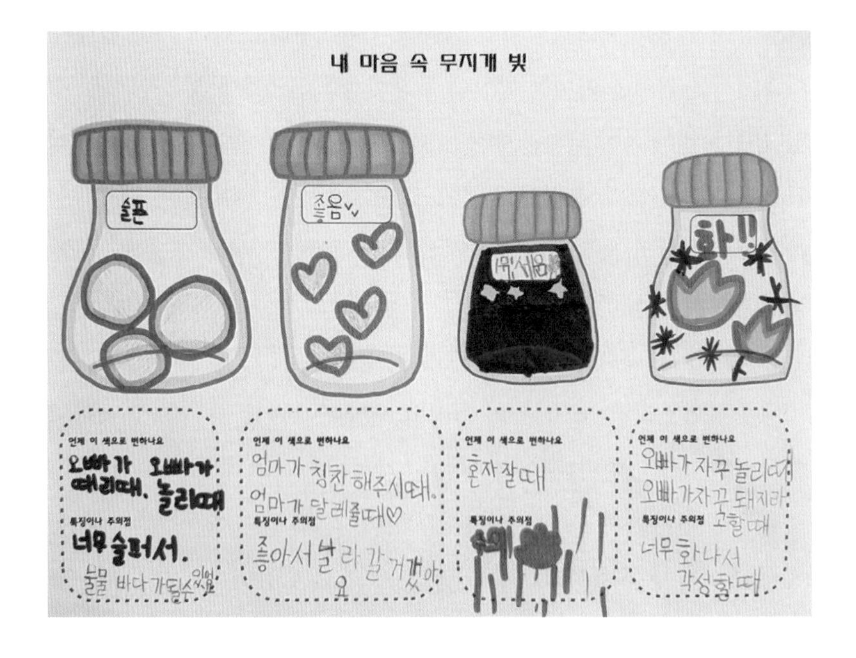

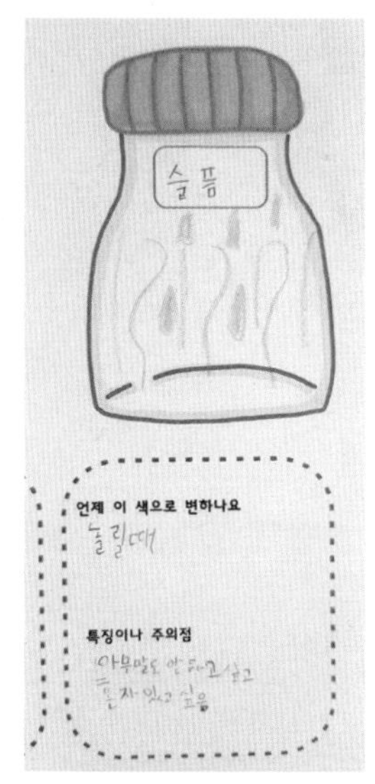

가끔 무슨 일로 화가 났는지 왜 슬픈지 아무 말도 하지 않고 그저 하염없이 눈물만 흘리는 친구가 있습니다.
그렇게 시간이 흐른 후 마음이 풀어지면 저에게 와서 왜 그랬는지 이야기해주기로 약속한 친구인데요. 친구가 놀릴 때 슬프다는 파랑의 감정 색과 함께 그럴 땐 아무것도 안 하고 혼자 있고 싶다는 특징을 써놓았습니다.
며칠 전에도 한 시간을 울고 나서 저에게 해주는 이야기가 친구가 자기보고 남자 같다고 해서 마음이 상했다고 하더라고요. 이젠 슬픔을 잘 이겨내는 방법도 생각해보라고 말해주어야겠습니다.

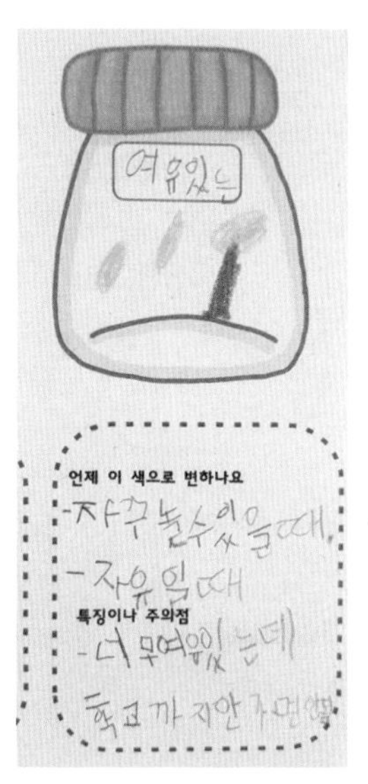

아이만의 귀여운 이야기도 들을 수 있습니다. 엄마가 가끔 양치기 소년이라고 하나 봅니다. 교실에서도 역시 너무 착하고 모범적인데 그때마다 억울하다더니 억울함의 감정 뚜껑을 열면 너무 억울해서 가출할 수도 있다는 무서운 경고도 들어있습니다. 자꾸 놀고 싶은 여유로움의 주의점을 너무 여유 있어서 학교를 안 갈 수도 있다고도 했네요.

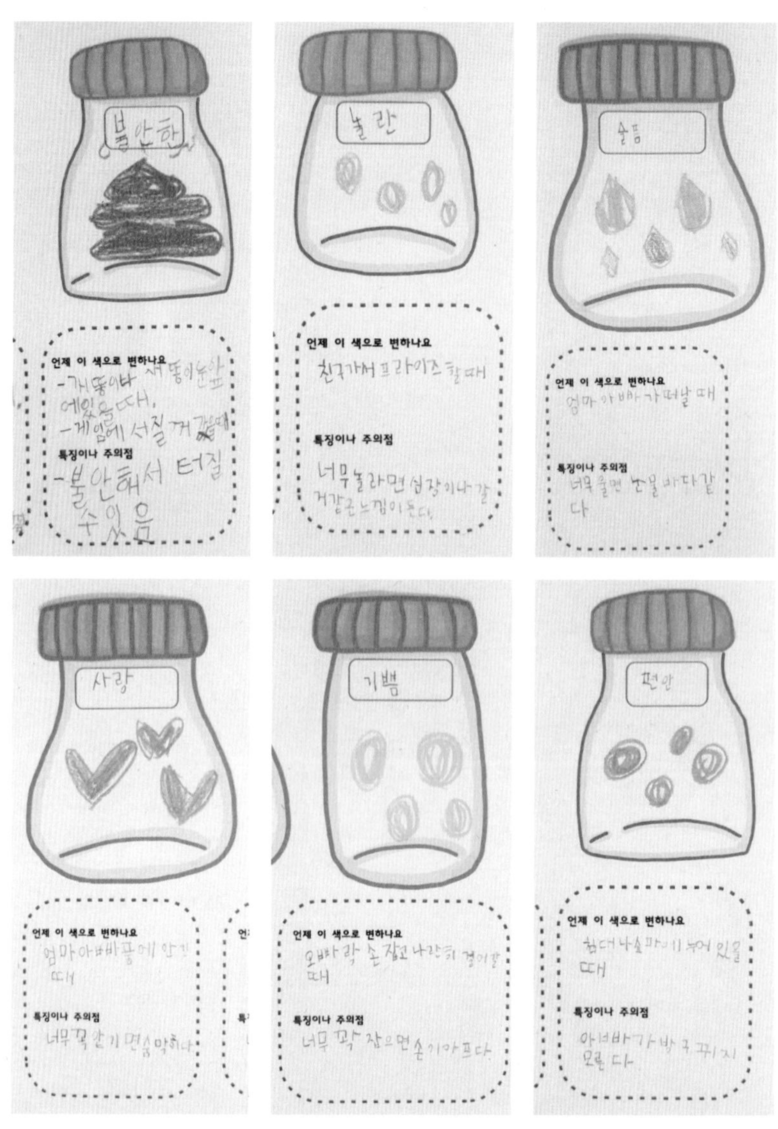

평소 들을 수 없는 가족 이야기도 있습니다. 엄마 아빠의 품에 안길 때 사랑을 느끼는데 너무 꽉 안으면 숨이 막힌다. 오빠와 손을 잡으면 기쁘지만, 너무 꽉 잡으면 아프다. 침대에 누워있을 때 편안함을 느끼지만, 아빠가 방귀를 뀔 수 있으니 조심하라는 주의점입니다. 아이들의 순수함이란 어디까지일까요.

함께 하는 이야기

하루에 행복을 느끼는 순간이 몇 번인가요. 시원한 봄바람에 머리칼이 휘날릴 때, 추운 겨울 동네 슈퍼 따뜻한 호빵 연기를 봤을 때, 길가 우연히 만난 가족의 미소 끝에서도 문득문득 행복감이 밀려옵니다. 그렇게 문득문득 사소한 일상에서 행복이 떠오를 때면 무료하고 똑같은 일상이 특별하게 느껴지기도 하더군요. 잠들기 전 오늘 하루 몇 번의 행복을 발견했는지 아이와 서로 이야기하며 세어보세요.

함께 읽은 책

컬러 몬스터

추상적이고 복잡한 감정의 개념을 명쾌한 색깔과 이미지로 표현함으로써 감정을 설명해주는 그림책이지요. 여러 가지 복잡하게 섞여버린 감정들을 잘 정리해서 예쁜 유리병에 담아두고 어떤 상황에서 느끼고, 어떻게 표현하는지 알기 쉽게 해줍니다. 아이와 함께 언제 어떤 감정이 드는지 그런 감정은 어떤 색깔인 것 같은지 함께 이야기 해보세요.

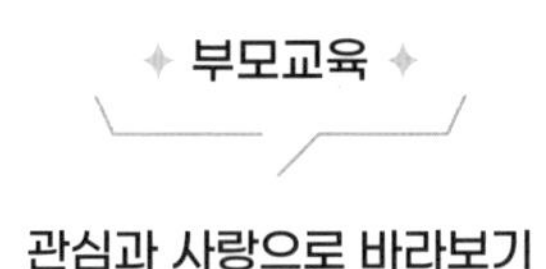

관심과 사랑으로 바라보기

반창고는 필수
연고는 선택

"선생님, 여기 피나요."

방금 다쳤다며 손가락을 내미는데 나이가 들어서인가요. 노안이 와서인가요. 당최 보이지가 않습니다.

"어디?"

"여기. 여기 있잖아요."

아이가 가리키는 쪽에 얼른 밴드를 둘러주었습니다.

아이들은 하루에 수도 없이 다칩니다. 어떨 때는 자세히 보고 또 봐야 상처가 보입니다. 하지만 어쩝니까. 안정이 되도록 도와줘야 합니다. 위약효과라고도 하지요. 보고 또 봐야 보이는 상처엔 밴드를, 피가 살짝 보이

는 상처엔 연고를. 그리고 제가 감당하기 힘든 상처는 보건실로 향합니다. 우리 반만 해도 하루 열두 명의 환자가 속출하는데 전교생을 돌보는 보건 선생님, 정말 존경합니다.

이런 아이들을 위해 제 책상 위에는 비상약 세트가 있습니다. 상처 연고, 밴드, 모기약 그리고 요즘은 알로에 연고도 하나 더 구비해 두었지요. 왜냐고요?

"선생님. 여기가 너무 아파서 못 걷겠어요."

바지를 걷어 올리면 부딪혔는지 살짝 빨간 자국이 보입니다. 그럴 때는 알로에 연고를 조금 발라줍니다. 걷지도 못하겠다던 아이가 잠시 뒤면 뛰어, 아니 날아다니거든요.

어쩌면 아이들은 신체적 상처를 치료하러 오는 것이 아닐지도 모릅니다. 온정과 사랑을 느끼러 오는 것 일지도요. 마치 이춘희의 『엄마 손은 약손』에 나오는 아이 이야기처럼요. 그 옛날 배탈이 나면 슥슥 문질러 주시던 다정한 엄마의 손. 따듯한 소금물과 찜질도 효과가 있었겠지만, 엄마의 관심과 사랑이 명약 아니었을까요. 아이와 함께 읽어보며 어머니의 어릴 적 이야기도 한 번 들려주세요.

"옛날 옛날에 엄마가 어렸을 때는 말이야. 할머니가…."

 **함께 읽은 책**

엄마 손은 약손

이 책은 《국시 꼬랭이》시리즈 중의 한 권입니다. 국시 꼬랭이는 우리 옛 아이들의 숨어 있는 이야기를 정감 있게 다룬 그림책 시리즈예요. 함께 읽으며 옛날 우리의 모습도 살피고, 수천 년간 이 땅에서 이어져 온 우리나라만의 정서도 전해 주세요.

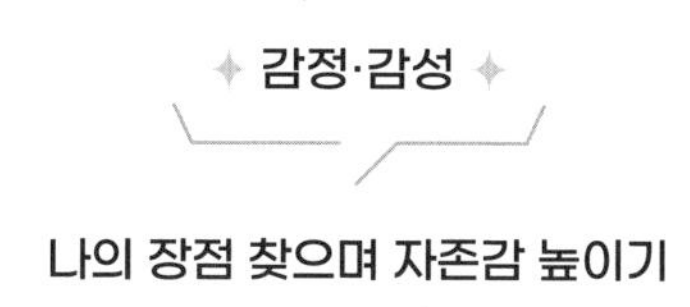

나의 장점 찾으며 자존감 높이기

장점 상점

우연히 읽게 된 김민화의 『말썽이 아냐, 호기심 대장이야』는 어른이 보는 시각에서의 단점이 아이의 입장에서의 장점으로 풀어주는 내용이었습니다. 아이들과 함께 읽으며 항상 지적받던 고민들을 좋은 면으로 다시 생각해 볼 수 있는 기회가 될 것 같았습니다.

『그림책 한 권의 힘』의 저자 이현아 선생님 연수를 들으며 단점 상점이라는 아이들이 만든 학급 그림책도 떠올랐습니다. 때마침 나눔 장터에 대한 수업이었기에 이 주제를 활용해서 수업을 해야겠다는 생각이 들었습니다. 하지만 단점이 없다는 아이들도 많습니다. 그런 아이들에게 단점을 제가 꼬집을 수도 없어 단점을 장점으로 바꾸어 수업에 적용해 보았습니다.

자신의 장점을 생각해보고 장점이의 이름을 정해보라고 했습니다. 예를 들어 마음이 따뜻한 것이 장점이라면 마음이 또는 사랑이라고요. 그리고 특징을 쓴 후, 어떤 사람이 사면 좋을지 생각하며 추천하는 사람도 적으라고 했습니다. 그러나 자신의 장점도 무엇인지 모르겠다는 친구들이 있습니다. 그 친구들을 교실 앞에 나란히 세우고, 다른 친구들에게 친구의 장점이 무엇인지 좀 알려주자고 했지요. 그랬더니 "너 축구 잘하잖아", "너 준비물 잘 빌려주잖아"라며 도움이 필요한 친구들의 장점을 쏟아냅니다. 교실 앞에 섰던 아이들도 어느새 슬며시 웃으며 은근히 그 상황을 즐겼고, 그 모습이 부러웠는지 괜히 자기도 모르겠다며 다른 친구들도 앞에 서기 시작합니다. 이러다간 끝이 없겠습니다.

"자, 자, 그동안 친구들이 말해 준 이야기들을 기억하고 자리에 가서 자신의 장점을 곰곰이 다시 생각해 보세요."

아이들의 장점 설명서가 모두 완성된 후에는 책상 위 자신의 장점 종이를 펼쳐두고 색연필 하나를 챙겨 친구들 장점을 사러 출발합니다. 그렇게 장터가 시작되는 것이지요.

사고 싶은 친구들의 장점이 보이면 판매량이라고 적힌 공간에 동그라미를 그려주라고 했습니다. 단, 장점이 팔리더라도 자신에게서 없어지는 것이 아니라고 말해줬어요. 필요한 친구에게 하나를 더 나눠주는 거라고요. 그리고 사고 싶은 장점은 마음껏 살 수 있고, 너무 마음에 들면 동그라미 2개까지 그릴 수 있다고 했습니다. 아이들은 신나서 친구들의 장점을 사기 시작했고 중간중간 자기 장점이 몇 개나 팔렸는지 확인하러 오기도 했지요.

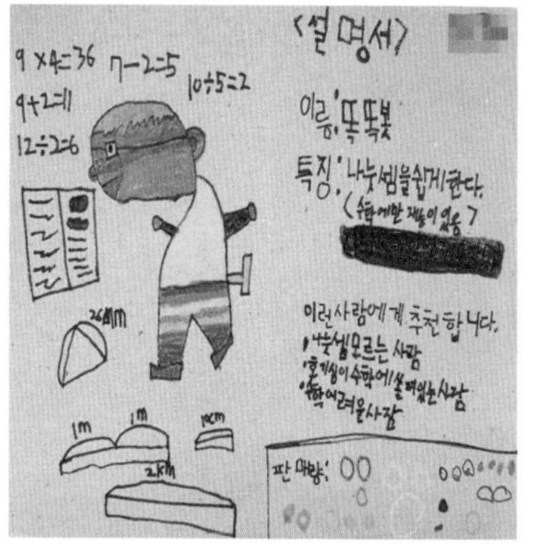
<설명서>
이름: 똑똑봇
특징: 나누셈을 쉽게 한다.
<수학에만 재능이 있음>
이런사람에게 추천합니다.
판매량:

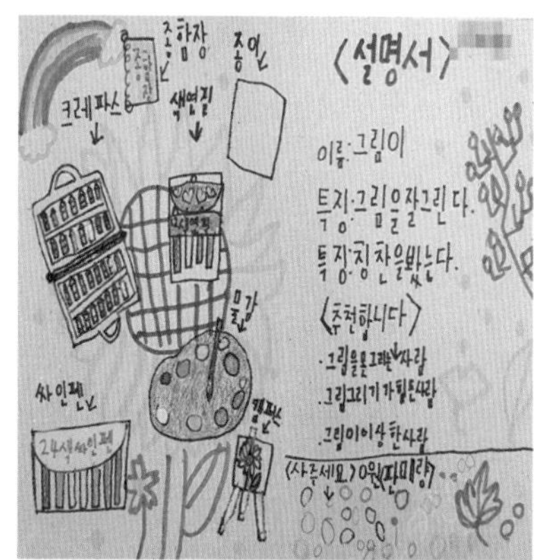
<설명서>
이름: 그림이
특징: 그림을 잘 그린다.
특징: 칭찬을 받는다.
<추천합니다>
크레파스
색연필
종이
물감
싸인펜

(설명서)
태양이
태양처럼 밝게 웃는 사람
<이런사람에게 추천합니다>
1. 속상한 사람
2. 컨디션 안 좋은 사람
판매량

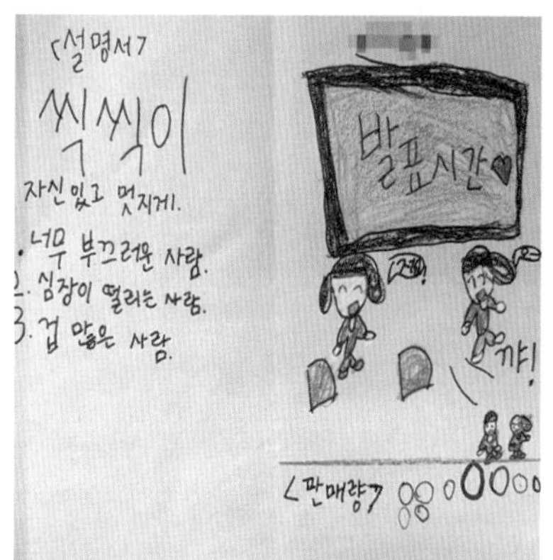
<설명서>
씩씩이
자신있고 멋지게.
1. 너무 부끄러운 사람.
2. 심장이 떨리는 사람.
3. 겁 많은 사람.
발표시간
꺄!
<판매량>

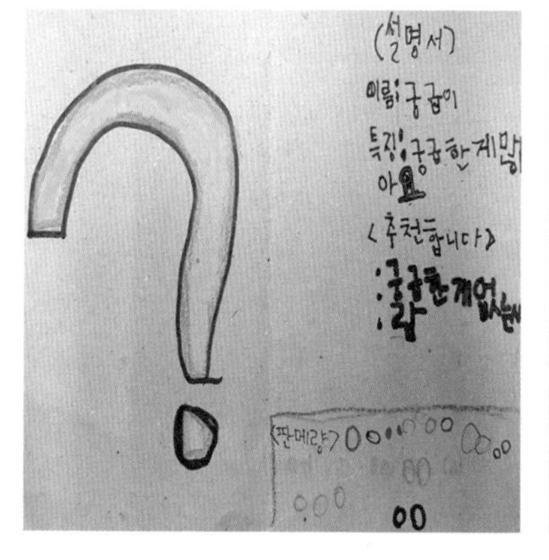
(설명서)
이름: 궁금이
특징: 궁금한 게 많아요
<추천합니다>
<판매량>

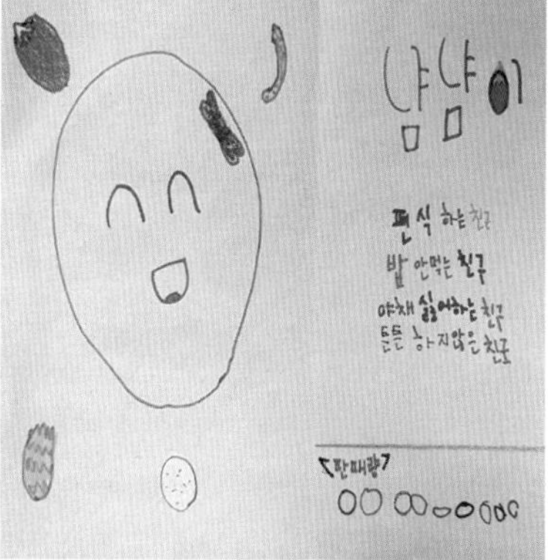
냠냠이
편식 하는 친구
밥 안먹는 친구
야채 싫어하는 친구
튼튼하지 않은 친구
<판매량>

그렇게 저도 친구들의 장점을 사러 다니는데 민아가 제게 와서 "선생님. 저 씩씩이 샀어요"라고 살짝 귀띔을 해줍니다.

평소 발표할 때마다 떨려서인지 양 목소리를 내다가 결국 울어버린 아이였습니다.

"그랬어? 우리 민아 이제 씩씩이 사서 발표할 때 이제 안 울겠다, 그치?" 민아는 말없이 그냥 씨익 웃어 보였습니다. 우리 민아, 씩씩이의 활약을 기대할게. 사랑해.

함께 하는 이야기

간혹 아이들이 자신은 잘하는 게 없다고 의기소침해하는 경우가 있습니다. 그런 자녀들에게 이런 이야기를 꼭 들려주세요. "무엇을 잘해야만 인정받고 사랑받는 게 아니란다. 넌 잘하고 못하고를 떠나서 세상에 단 하나밖에 없는 소중한 아이야"라고 말이에요. 존재 자체만으로도 세상에서 존중받아야 할 존엄의 가치가 있다는 것을 꼭 느끼고 성장할 수 있도록 알려주시길 바랍니다.

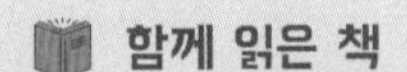

말썽이 아냐 호기심 대장이야

시각만 달리하면 단점이 장점으로 변하는 마술 같은 이야기. 평소 부모님을 힘들게 했던 아이들의 단점을 장점으로 바꾸어 바라볼 수 있게 해주는 그림책입니다. 말썽쟁이의 다양한 말썽 뒤에 숨겨져 있는 장점들이 드러나지요. 하지만, 우리 아이들은 장점과 단점을 떠나 세상 단 하나뿐인 소중한 존재라는 사실 잊지 않으셨죠? 갓난 아기 때는 똥만 싸도 이뻤잖아요.

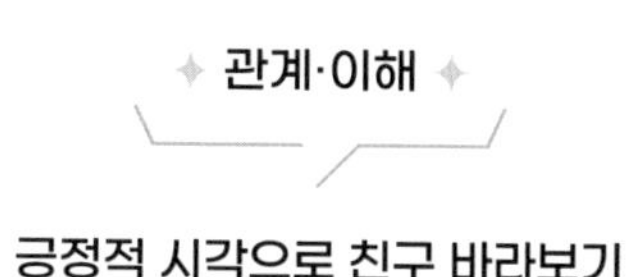

관계·이해

긍정적 시각으로 친구 바라보기

말의 힘

아침 독서 시간이 무너지고 있습니다. 학교에 도착하면 책을 꺼내어 조용히 책을 읽던 모습은 온데간데없고 서로서로 모여 이야기하는 모습이 더 많이 보입니다. "누구 앉으세요", "누구 책 읽어야지", "누구 아까 앉으라고 했지?", "누구 왜 책을 안 펴니?". "누구 아직도 안 앉았니?"…. 일일이 지적을 해봐도 좀체 분위기가 잡히질 않습니다.

그러다 그 속에서 조용히 책을 읽고 있는 몇 몇의 친구들이 눈에 띄었습니다. "아이고, 누구는 진짜 아침 활동을 너무 잘한다. 백 점이다. 백 점", "그리고 누구도 정말 잘하네"라고 칭찬을 시작하자 아이들이 갑자기 자기 자리로 흩어지며 책을 꺼내기 시작했습니다.

바르지 못한 행동을 지적할 때는 표정도 좋지 않고 쉽게 고치려고 하지 않더니 칭찬받는 누군가를 보더니 바로 행동 수정에 들어갔습니다. 그렇게 모두가 조용히 책을 읽는 모습을 보이자 학급 온도계를 올려줍니다.

아이들은 누군가 학급에서 야단을 맞으면 자기가 야단맞는 것도 아닌데 위축이 된다고 합니다. 무섭기도 하고 자꾸 작아지는 느낌이 든다고도 말해주더군요. 저 역시 길거리에서 알지도 못하는 누군가의 싸움만 봐도 가슴이 두근거리며 두렵습니다. 소리가 전하는 에너지는 그렇습니다. 야단치는 소리, 화내는 소리가 특정 아이에게만 향하는 것은 아니니까요. 주변의 아이들도 그 소리와 부정적 에너지를 함께 듣고 느끼고 있음을 기억해야 합니다. 아이들을 움직이게 하는 것은 지적이 아니라 칭찬입니다.

존 버닝햄의 『에드와르도, 세상에서 가장 못된 아이』라는 책이 있습니다. 장난꾸러기 에드와르도는 늘 야단만 맞지요. 야단을 맞으면 어떻게 될까요? 점점 더 버릇없이 굴게 되지요. 하지만 어느 날 같은 행동을 했지만 칭찬을 듣게 됩니다. 어떻게 됐을지는 짐작이 가시지요?

그런데 재미있는 점이 있습니다. '칭찬을 들어서 착해졌어요' 가 아니거든요. 문제의 행동은 고쳐졌지만, 사고뭉치의 특성처럼 또 다른 잘못된 행동들이 자꾸 나옵니다. 책에서는 그런 행동들 하나하나를 또 다른 칭찬으로 고쳐가지요. 이것이 진짜 어린이의 모습 아닌가요? 하나를 칭찬한다고 해서 모든 면이 완벽한 사람이 되는 건 아니잖아요. 아직도 서툴고 부족한 것이 맞겠지요.

그렇다면 아이들은 오늘 하루 학교에서 몇 번의 칭찬의 말을 들었을까요? 이쁘다, 착하다, 고맙다, 잘한다, 소중한 사람이다… 등의 이야기를 말이에요. 매일 저녁 생각합니다. '내일은 아이들에게 꼭 한 번씩 해줘야지.' '한 번 더 눈길을 줘야지.' 수없이 다짐을 해도 막상 하루가 시작되면 정신없이 시간이 흘러가고 맙니다. 칭찬 샤워는 내가 채워주지 못하는 칭찬 그릇을 친구들이 채워주면 어떨까, 하는 생각으로 시작된 릴레이입니다.

하루 한 명씩 하루 일과를 마치기 전 5분의 시간이면 충분합니다. 번호 순대로 돌아가며 정해진 한 명에게 친구들이 칭찬의 말과 글을 쏟아냅니다. 처음에는 어색해하더니 이제는 마치 친구 생일 파티 날짜를 기다리듯 그날을 기다리는 모습을 보입니다.

"선생님 내일은 재은이 칭찬 샤워 날 맞지요?"
"앗싸~ 뭐라고 써주지? 집에서 생각해 와야겠다."

칭찬 샤워의 주인공은 친구들 칭찬에 흠뻑 젖을 준비를 하며 공책에 칭찬 샤워라고 제목을 쓰고 기다립니다. 혹시나 진지하지 못한 친구들로 인해 상처가 되는 일이 생길까 봐 친구들 칭찬의 말을 제가 받아서 공책에 대신 붙여주고 있습니다. 아이들은 이쁜 그림을 그려주기도 하고 걱정했던 마음을 전하기도 하며 친해지고 싶다고 고백을 하기도 하지요. 친구들의 칭찬에 흠뻑 젖은 아이의 얼굴에는 웃음이 끊이질 않습니다. 평소 내성적이라 친구들 주변을 맴돌기만 했던 그런 아이에겐 더 특별한 날이 되었습니다. 친해지자는 메시지가 더없이 반가울 테니까요. 행복하고 즐거운 하루를 선물한 것 같아 저 역시 가슴이 말랑말랑해집니다.

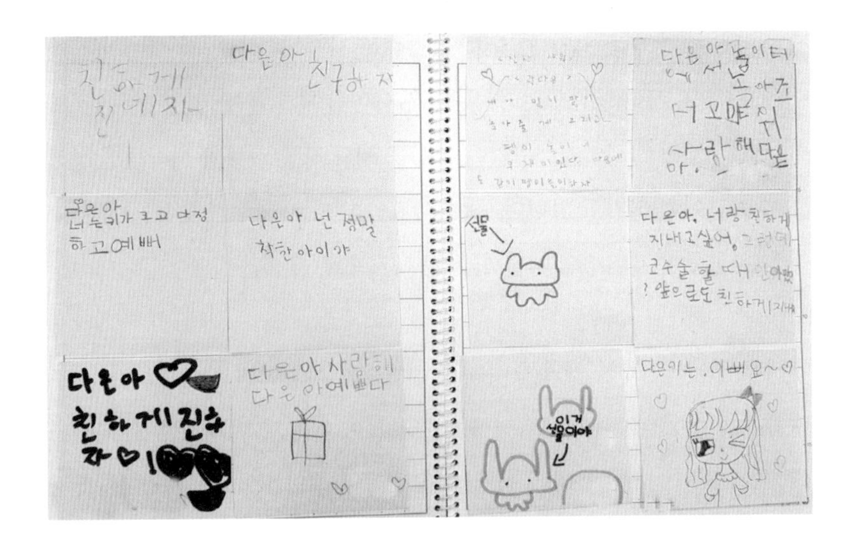

요즘은 참 이상한 걸 발견하기도 합니다. "오늘 칭찬 샤워 누구예요?"라고 물어보는 친구가 꼭 그날의 칭찬 샤워의 주인공이더라고요. 다들 그날만 기다린다는 이야기겠지요.

하지만 주의할 것이 있습니다. 칭찬은 성의 있게 해야 합니다. "넌 멋져"라는 무미건조한 말보다는 그 친구를 깊이 들여다보고 장점을 하나씩 찾아낼 수 있도록 매번 독려하는 말을 해주셔야 끝까지 해낼 수 있습니다. 칭찬을 받는 친구도 중요하지만, 칭찬 거리를 찾아내는 것도 중요하기 때문입니다.

오늘은 우리 반에 앉아있질 못하고 교실 뒤를 내내 뛰어다니는 아이가 칭찬 샤워하는 날입니다. '친구들이 칭찬 거리를 잘 찾아낼 수 있을까?' 내심 걱정이 되었고 친구의 칭찬 거리를 잘 찾아달라고 부탁했습니다. 그랬더니 "넌 체력이 좋구나", "넌 자동차처럼 빨라", "학교에서 조금 못하지만 그래도 노력하는 마음을 알 것 같아" 같은 끝 없는 칭찬 메시지들이 공책에 가득합니다. 이런 아이들인데, 괜한 걱정을 했습니다.

아이들은 역시 저보다 한 수 위입니다.

가정에서도 칭찬 샤워의 날을 정해 한 사람에게 듬뿍 칭찬의 말을 쏟아내 주세요. 가족들이 붙임쪽지에 칭찬할 내용을 여러 장 적어서 아이의 몸에 온 데 붙여주는 건 어떠세요. 이마, 볼, 배, 어깨, 엉덩이 등 우리 아이에게 사랑스럽지 않은 곳은 없으니까요.

"엄마를 사랑스럽게 쳐다보는 눈이 이뻐."
"엄마가 해준 저녁 맛있게 먹어주는 입이 너무 이뻐."
"우리 애기 방구 냄새는 달콤해."

칭찬이 가득 붙은 아이의 표정을 상상만 해도 즐겁습니다.

함께 읽은 책

에드와르도

아이들은 부모의 거울이라는 말이 있습니다. 꼭 부모의 행동만을 따라 하는 것을 의미하는 것이 아닙니다. 아이를 항상 긍정적으로 바라보고 칭찬해주시는 부모님의 모습을 익숙하게 봐오던 아이들은 또래 관계에서 다른 모습을 보이기도 하지요. 자존감도 높아지고요. 아이에게 칭찬을 아끼지 말아 주세요.

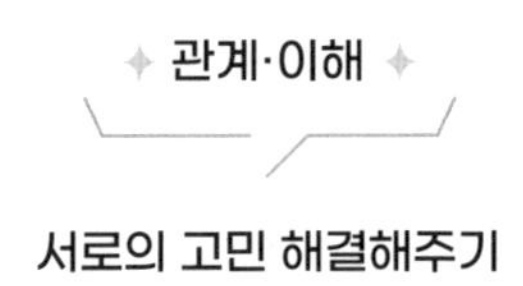

걱정은 이제 그만

아이들과 힘들고 고단한 일상이지만 나름 보람 있게 하루하루를 보내고 있습니다. 하지만 바깥의 반응은 조금 다릅니다. 외부 강사 선생님께 수업 태도와 관련하여 야단을 맞기도 하고, 급식소에서도 주변 선생님들께서 지적을 많이 하십니다. 어떻게 해야 아이들이 얌전하고 소란스럽지 않게 생활할 수 있을까. 걱정이 한가득 입니다. 김영진의 『걱정이 너무 많아』라는 책을 함께 읽으며 저의 그런 걱정을 아이들에게 꺼내었습니다. 그리고는 아이들 걱정도 함께 나누었어요. 익명으로 자신의 걱정을 쓴 종이를 접어 걱정 상자에 담았고, 상자 속에 담긴 걱정 내용을 살펴본 후 해결 방법을 찾아주자고 했습니다.

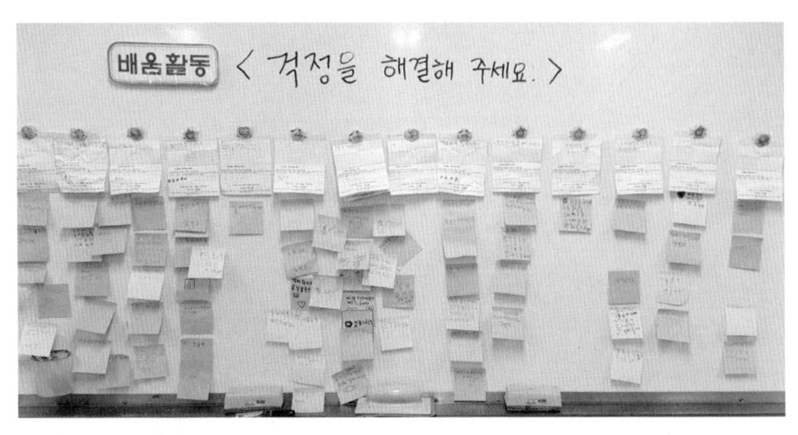
배움활동
< 걱정을 해결해 주세요. >

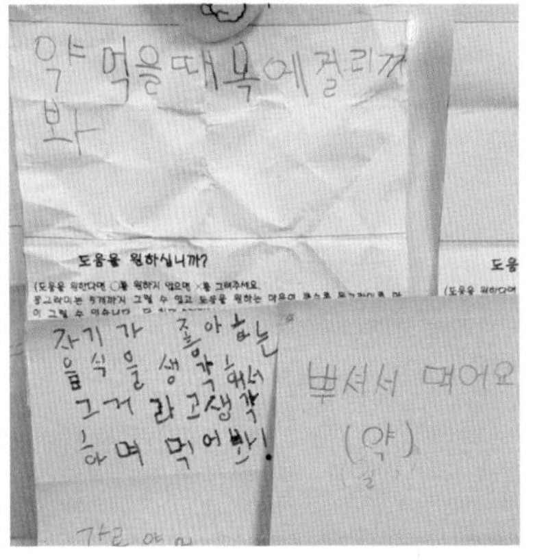
약 먹을때 목에 걸리까 봐
도움을 원하십니까?
자기가 좋아하는 음식을 생각해서 그거라고 생각하며 먹어봐!
빼서서 먹어요 (약)

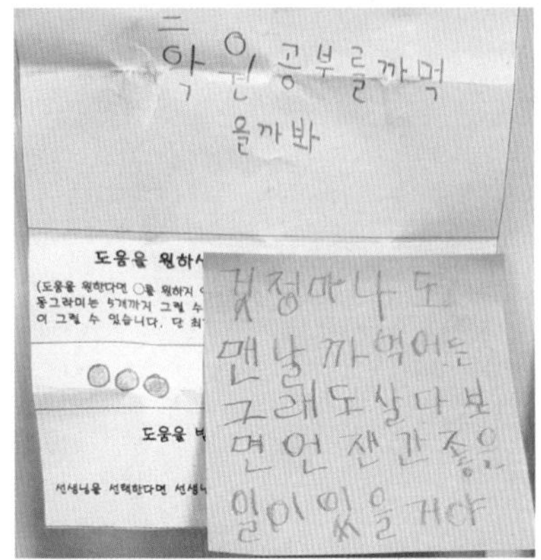
약은 공부를 까먹을까 봐
도움을 원하시
걱정마 나도 맨날 까먹어도 그래도 살다보면 언젠간 좋은 일이 있을거야

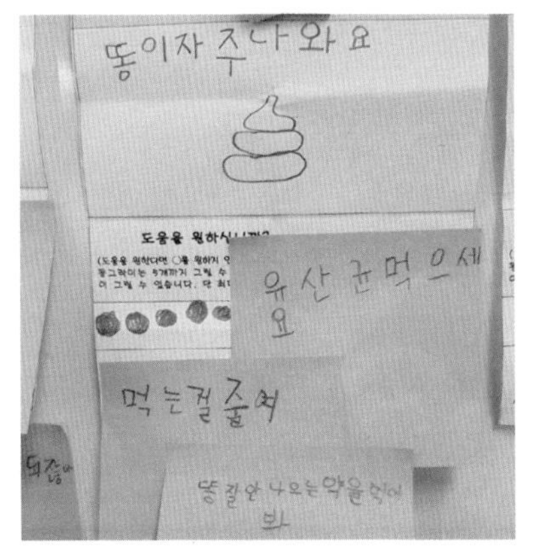
똥이 자주 나와요
유산균 먹으세요
먹는걸 줄여
똥 잘 안 나오는 약을 먹어봐

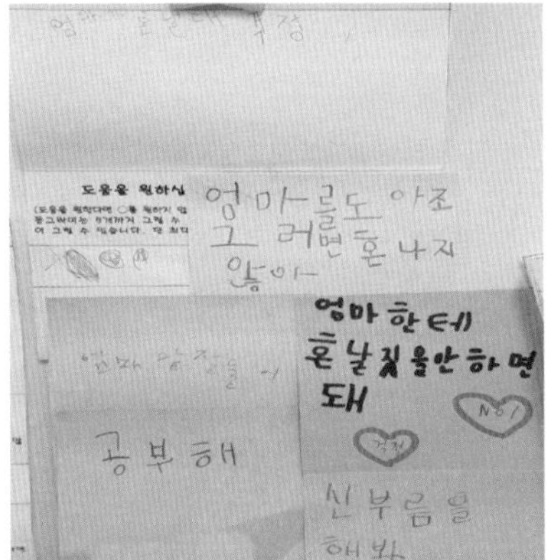
엄마 말을 도 아조 그러면 혼나지 않아
엄마 한테 혼날짓을 안하면 돼
공부해
심부름을 해봐

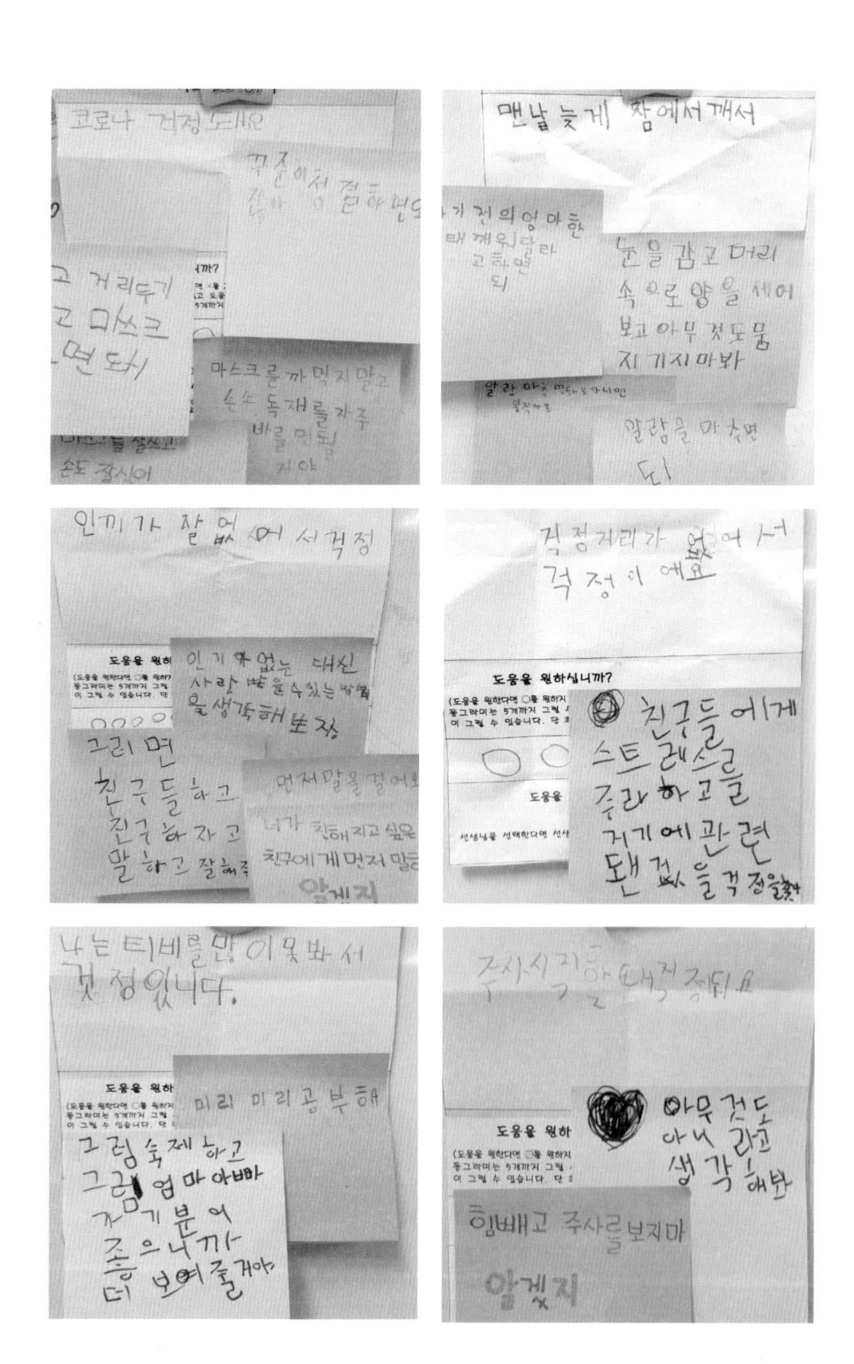
코로나 걱정돼요
마스크를 까먹지 말고
맨날 늦게 잠에서 깨서
눈을 감고 머리 속으로 양을 세어
알람을 마추면 되
인기가 잘 없어서 걱정
도움을 원하
먼저 말을 걸어봐
알겠지
걱정거리가 없어서 걱정이에요
도움을 원하십니까?
나는 티비를 많이 못봐서 걱정입니다.
미리 미리 공부해
도움을 원하
힘빼고 주사를 보지마
알겠지

혹시나 밝히고 싶지 않은 개인적인 걱정이 있을지도 모른다는 생각에 공개 여부도 적어달라고 했습니다. 하지만 제 걱정과는 달리 아이들의 걱정은 소소하고 귀여운 것만 보였습니다. 아니, 제 눈에만 그런 것입니다. 아이들에게 사소한 것은 없으니까요. 진지하게 함께 고민해주었고 명쾌한 해답을 제시하기도 했습니다.

걱정 해결 활동을 하고 보니 제 걱정도 싹 날아가는 것 같았습니다. 아이들이 이렇게 진지하게 답을 함께 찾아주고 열심히 활동하는데 무엇이 걱정인가. 기질적으로 차분하지 못하고 활동적인 아이들이 모여 있을 뿐. 활동하며 웃고 떠들고 장난치는 행동은 즐겁게 활동하는 것이지 노는 것이 아니었습니다.

수업을 마무리하며 아이들에게 걱정 인형을 선물로 하나씩을 주었습니다. 걱정이 생길 때마다 인형에게 털어놓고 베개 아래 넣어 두기로 하고 말이지요. 선물을 받은 아이들은 자신의 걱정 인형을 이쁘게 꾸미느라 정신이 없습니다.

함께 읽은 책

걱정이 너무 많아

김영진 작가의 그림책은 생동감 있는 그림체가 특징입니다. 아이들의 특성이 잘 드러나고 유쾌한 그림으로 재미와 감동이 더해지지요. 아이가 요즘 고민하고 있는 걱정들이 무엇인지 함께 이야기를 나눠 보세요.

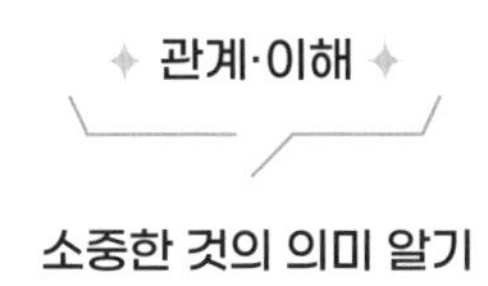

소중한 것의 의미 알기

내 거야. 아니야 내 거야

두 아이가 예쁘게 생긴 지우개 하나를 가지고 티격태격 싸우고 있습니다. 이유를 물어보니 서로 자기 지우개라고 우기고 있습니다.

"선생님, 이거 내 지우갠데 지우가 자꾸 자기 거래요."
"아니에요. 이거 내가 어제 주웠어요."

맙소사. 교실에서 주웠다고 당당하게 자기 것이라고 우겨댑니다. 주인이 나타났는데 말이지요.

또 한쪽에서는 서로 자기 딱지라고 우기고 있습니다.

"선생님. 이거 내가 땄어요. 그러면 내 거잖아요."

"아니에요. 따먹기 있다고 말 안 했어요. 저거 어제 아빠가 접어 준 거란 말이에요."

이런 아이들에게 읽어줘야 하는 책이 생겼습니다. 조용히 앉히고 미야니씨 다쓰야의 『누가 잃어버린걸까』를 펼칩니다.

쿠는 숲속에서 주운 인형이 너무 마음에 듭니다. 하루를 함께 하니 더욱 소중해져 버렸지요. 엄마가 돌려주라고 말하지만 누가 잃어버린 줄도 모르잖아요. 그러다 우연히 인형을 잃어버리고 슬퍼하는 친구의 모습을 보게 됩니다. 쿠는 어떻게 할까요?

물건을 주웠다고 해서 자기가 주인이 되는 것은 아닙니다. 그 물건이 갖고 싶을 만큼 예쁘고 마음에 든다면 더더욱 그 물건을 잃어버린 주인의 마음도 슬프겠지요. 그렇게 이쁘고 소중한 물건을 잃어버렸으니까요. 자신이 욕심내는 순간, 그 욕심의 크기만큼 상대를 아프게 한다는 것을 알게 해줘야 합니다.

"누구나 욕심이 날 때가 있어. 얼마나 갖고 싶었으면 그럴까. 하지만 잃어버린 친구 마음도 생각해야 해. 소중한 물건을 빼앗긴 기분이 들 거야. 그럼 돌려주는 게 맞겠지? 대신 마음을 달랠 수 있는 다른 걸 함께 찾아보자. 선생님이 도와줄게. 그리고 잃은 친구도 마찬가지야. 소중한 물건일수록 아끼고 사랑해야지. 앞으로는 물건을 잃어버리지 않도록 노력해주렴.

또, 소중한 딱지도 잃고 싶지 않다면 따먹기 없다는 규칙을 먼저 정하고 놀이를 시작해도 좋아."

함께 읽은 책

누가 잃어버린 걸까?

주인 없는 물건의 주인이 되고 싶어 하는 아이들의 마음을 잘 담은 그림책입니다. 주인을 잃어버렸다는 것은 누군가가 가지고 있던 물건이라는 말이겠지요. 함께 읽으며 자신의 물건의 소중함을 느끼고, 물건을 잃어버린 상대방의 마음이 어떨지 헤아려보는 시간을 가져보세요.

말랑말랑 장난감을 아시나요? 저는 백번 만져 봐도 물컹물컹 느낌이 묘하기만 하던데, 아이들은 말랑말랑 기분이 좋아진다고 합니다. 그걸 만지면 얼마나 기분이 좋은지 고민 있는 친구에게 말랑말랑한 걸 만져보라고 권해주기도 하더군요.

하루는 한 친구가 중국 만두 모양 같은 말랑이 장난감을 가져왔습니다. 아침 활동부터 하루 종일 말랑말랑 만지고 쑤시고 하더니 결국 일이 터지고야 말았습니다. 점심을 먹고 오니 그 만두가 정말 속이 터져버린 것입니다. 친구들과 테이프로 급히 봉합을 마치고 5교시 수업을 위해 책상 위에 고이 모셔두는 듯하더니 제가 잠시 한눈판 사이 참지 못하고 다시 말랑이를 만져 사고를 내고야 말았습니다.

교과서며 책상이며 아이의 손이 만두 속의 하얀 이물질로 범벅이 되었습니다. 만두도 터지고 제 속도 터졌습니다. 급히 아이를 씻기고 자리를 정리했지만 제발 버리지 말아 달라는 아이의 간절한 눈빛에 터져버린 말랑이 만두를 까만 봉지에 싸주었습니다.

5교시를 마치고 집으로 돌아가려는데 책상 위 까만 봉지에 편지가 하나 놓여있습니다. 풀 죽은 아이 곁으로 걸어가 살펴보니 말랑이 만두에게 쓴 편지였습니다.

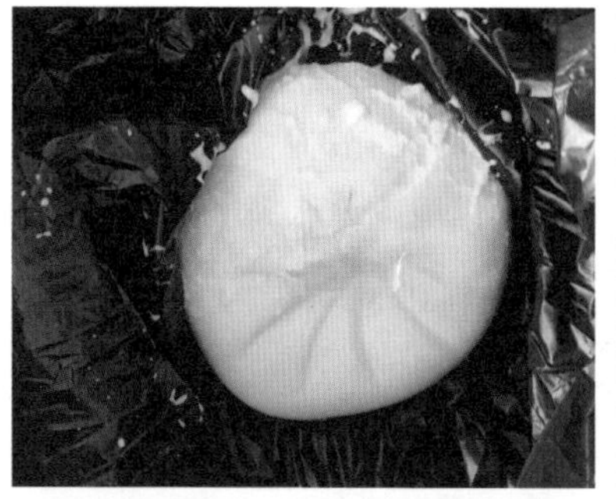

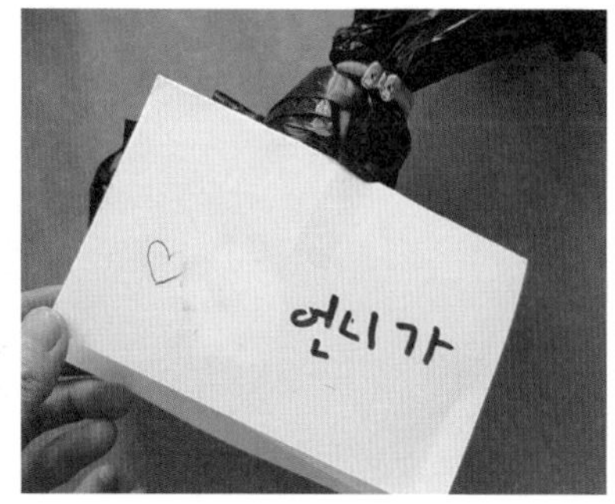

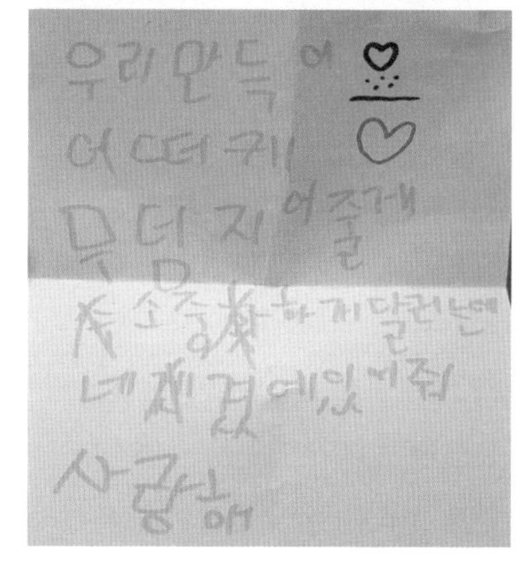

우리 만득이
어떡해.
무덤 지어 줄게.
소중하게 다뤘는데.
내 곁에 있어 줘.
사랑해

풀이 죽어 방과 후 교실로 떠나는 아이가 안쓰럽기도 했지만, 너무 귀여워 자꾸 웃음만 나네요. 눈만 마주치면 한숨 쉬며 고개가 어깨까지 꺾여 내려갑니다. 그러게 적당히 좀 만지지. 소중할수록 아끼라고 했잖니.

감정·감성

용기 심어주기

용기를 내 봐

유난히 목소리가 큰 친구가 있습니다. 자리에 앉아 친구와 이야기할 때면 교실이 떠나갈 듯 쩌렁쩌렁한 목소리로 소리를 질러 친구들을 불편하게 할 때가 종종 있었습니다. 그러나 정작 앞에 나와 발표를 하라고 하면 못하겠다고 고집을 피우고 앞으로 나오려 하지 않습니다.

아이에게 필요한 것은 친구들 앞에 설 용기라는 생각이 들어 리사 데이크스트라의 『용기 모자』를 꺼내 들었습니다. 이야기를 함께 읽고 책장을 덮으려는 순간 맨 뒷장에 나오는 용기 모자 접는 법을 아이들이 발견하고 말합니다.

"선생님. 우리도 용기 모자 만들어요."

"오냐."

그래서 준비했단다 얘들아. 그동안 모아둔 신문지들을 꺼내 들고 아이들과 한 장씩 나누었습니다.

역시 종이접기 시간은 언제나 각오를 단단히 해야 합니다.

"이거 맞아요?", "이거 맞아요?" 소리를 수십 번 들으며 아이들 모자를 챙기고 접어주었습니다.

너무 정신없고 힘들었지만 능숙하게 접고 도와주는 친구들도 있어 든든했습니다.

"도움이 필요한 친구는 손들어 주세요."

여러 아이가 손을 들었습니다.

주변을 둘러보며 "지금 손든 친구 도와주러 출동할 사람"이라고 하자 여기저기 아이들이 도우미 선생님이 되어 흩어졌습니다.

용기 모자를 다 만들고 머리에 쓴 후 "우리는 언제 이 모자가 필요할까?"라고 물어보았습니다.

집에 혼자 갈 때

애완동물 만질 때

혼자 잠들기 전에

공포영화 볼 때

혼자 학교 올 때

집에 혼자 있을 때

나쁜 사람 찾아왔을 때

엄마 아빠에게 혼날 때

그리고 그 친구의 대답

발표할 때

모두 용기가 필요할 때 이 모자를 쓰고 용기를 내어보기로 약속하며 수업을 마무리했습니다. 그날 오후 한 학부형께서 문자를 주셨습니다. 피아노 갔다가 돌아오는 길에 아이가 신문지 모자를 쓰고 나타나더라는 겁니다. 알고 보니 학원과 학교를 오고 가는 길을 혼자 다니기 시작한 아이라 혼자 집으로 향하는 길에 용기가 필요했던 모양입니다.

신문지로 만든 용기 모자가 드라마틱한 효과를 볼 거라는 생각은 하지 않습니다. 하지만 아마도 용기 모자를 함께 읽고, 용기가 필요한 때를 발표하며 다른 친구들도 나와 비슷한 고민을 가졌다는 것에 위안 받고 조금씩 자신감을 얻게 되겠죠. 그런 아이들에게 씐 용기 모자는 조금만 더 힘을 내면 해낼 수 있을 거라는 믿음에 힘을 보태주는 도구가 될 것입니다.

함께 읽은 책

용기 모자

아이와 그림책을 함께 읽은 후 부모님께서 용기가 필요한 때의 이야기도 함께 들려주세요. 완벽할 것 같은 어른도 사실은 아직 부족한 때가 있다고 말이에요. 그런 고민을 듣고 아이가 들려주는 용기의 이야기에도 귀 기울여주세요.

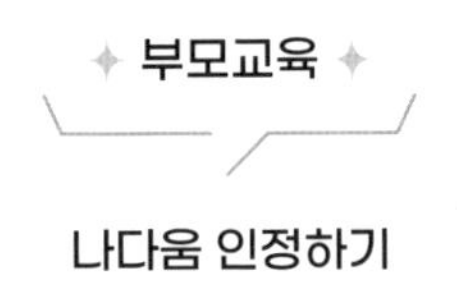

바뀐 거 아니냐고요?

가끔 남자답지 못한 아이, 여자답지 못한 아이로 고민을 호소하며 상담 전화를 받는 경우가 있습니다.

"선생님, 저희 아이가 남자인데도 너무 여려서 걱정이에요. 유치원 때부터 몸으로 노는 걸 싫어해서 여학생이랑만 놀았거든요. 학교에서도 그런가요?"

"선생님. 여자아이인데 왜 이럴까요? 너무 활동적이라 태권도는 죽어도 안 끊는대요. 저러다 남학생들 괴롭히고 다니지는 않는지. 남자아이들도 너무 저러면 싫어할 텐데 괜찮을까요?"

그럴 때마다 어머니들께 이렇게 말합니다.

"어머니, 남자다움과 여자다움은 없습니다. 다만, 나다움만 있을 뿐이지요. 아이의 타고난 기질과 특성을 있는 그대로 바라봐 주세요"라고요.

학교에서는 아이들과 해마다 양성평등에 대한 주제로 공부를 합니다. 그럴 때 함께 읽으면 좋은 그림책이 있습니다. 바로 김용의 『우리는 보통 가족입니다』이지요. 경찰관 할머니, 요리사 할아버지, 캠핑에서 척척 텐트를 치는 역할은 아빠가 아닌 엄마, 그리고 화장하는 아빠 등 다양한 모습의 가족이 모여 살고 있는 내용입니다. 그러나 아무도 잘못된 사람은 없습니다. 모두 자기답게 살아가고 있으니까요.

점심시간. 잠시 놀이시간의 짬이 생겼습니다.

천방지축으로 뛰어놀던 아이들 속에서 착하고 조용한 남학생 한 명이 울먹거리며 찾아옵니다. 여학생이 괴롭혔다고요. 이야기를 들어보니 등에 매달리고 때리고 급기야 머리채를 잡기도 했답니다. 불러서 이유를 들어보니 단순히 그냥 함께 놀자는 메시지였다고 하네요. 아무리 활동적인 여학생이라고 해도 이것은 아닙니다. 이것은 나다운 게 아니라 괴롭히는 일이니까요.

나다운 모습이 폭력적인 모습이라도 존중해줘야 한다는 뜻은 아닙니다. 아직 서툴고 부족한 아이들에게 늘 따뜻한 관심과 조언으로 바르게 자랄 수 있도록 도와주세요.

애들아, 놀이는 함께 즐거워야 놀이인 거야. 상대방이 힘들고 괴로워하면 그건 놀이라 아니라 폭력이야. 꼭 기억하렴.

함께 하는 이야기

가끔은 아이들에게 야단을 쳐야 할 때가 생깁니다. 야단을 치실 때는 단호하고 간결한 말이 좋습니다. 간혹 상황을 설명하고 이유를 설명하느라 장황하게 말이 길어지는 경우가 있습니다. 하지만 아이들은 집중력이 짧습니다. 긴 이야기를 들어줄 힘이 없을뿐더러 그런 상황이 반복되면 나중에는 아예 들으려 하지 않습니다. 한두 번 타일러보시고 그래도 수정이 안 될 때는 좀 더 단호하고 강경해지실 필요가 있습니다. 단호하다는 것과 화는 다른 의미입니다. 화는 아이에게 상처를 주지만 단호함은 아이에게 경각심을 줍니다.

 **함께 읽은 책**

우리는 보통 가족입니다

책속에 등장하는 모든 이의 모습이 뒤죽박죽입니다. 오래도록 인식되어 내려온 성 역할의 기준으로 바라보면 말이지요. 하지만 모두 자기답게 살고 있는 보통의 가족 이야기입니다. 아이들과 함께 읽은 후 나다운 모습을 찾아보세요. 눈물이 많은 아들, 운동을 좋아하는 딸, 자동차 수리를 잘하는 엄마. 모두 자기답게 살아가고 있는 모습이니까요.

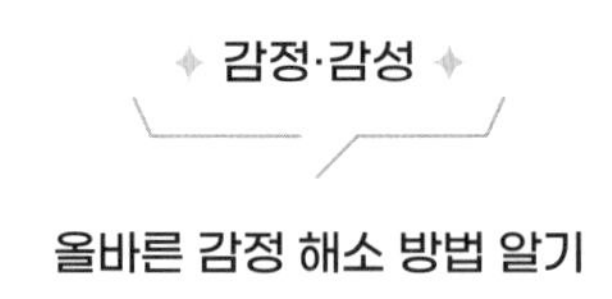

올바른 감정 해소 방법 알기

부글부글 화가 나면

언젠가 감정 코칭 연수를 들은 적이 있습니다. 감정이란 상대방에 의해 흔들리는 것이 아니라 스스로 흔드는 것이라는 말이 충격으로 다가왔습니다. 저는 그동안 모든 원인을 상대에게서 찾았으니까요. 하지만, 상대가 어떤 행동을 하든 감정이 흔들리고 흔들리지 않는 것은 결국 나의 몫이었습니다. 상대는 제가 마음대로 할 수 있는 대상이 아니지만, 감정은 오롯이 나의 것이니까요.

교실에서도 툭하면 화내고 짜증내는 아이들이 있습니다. 그런 아이들의 감정도 물론 자연스러운 것이겠지만 부정적인 감정이 올라왔을 때, 올바르게 해소할 수 있는 방법을 함께 찾아보고 싶었습니다. 그래서 신혜영의 『화가 호로록 풀리는 책』을 함께 읽었습니다. 화를 푸는 여러 가지 방법이 재미있게 그려져 있더군요.

책을 읽고 난 후에는 아이들과 화가 호로록 풀리는 나만의 방법에 대해 이야기해 보았습니다. 저마다의 방법을 벌집 모양 보드에 보드마카로 썼고, 발표를 시작했습니다. 발표 방법은 양경윤 선생님의 『교실이 살아있는 질문 수업』에서 하브루타 수업 방법의 하나인 '나도 나만' 기법을 적용해 보았습니다.

방법은 이렇습니다. 발표를 위해 모두 자리에서 일어납니다. 첫 번째 친구부터 발표를 시작합니다. 그 친구와 발표 내용이 같은 아이는 나도! 라고 외치며 칠판 앞으로 나와 벌집 맵을 모아 함께 붙인 후 자리에 앉습니다. 그러나 같은 내용이 없을 때는 나만! 이라고 외치고 칠판에 자신의 발표 내용을 붙인 후 앉으면 되지요.

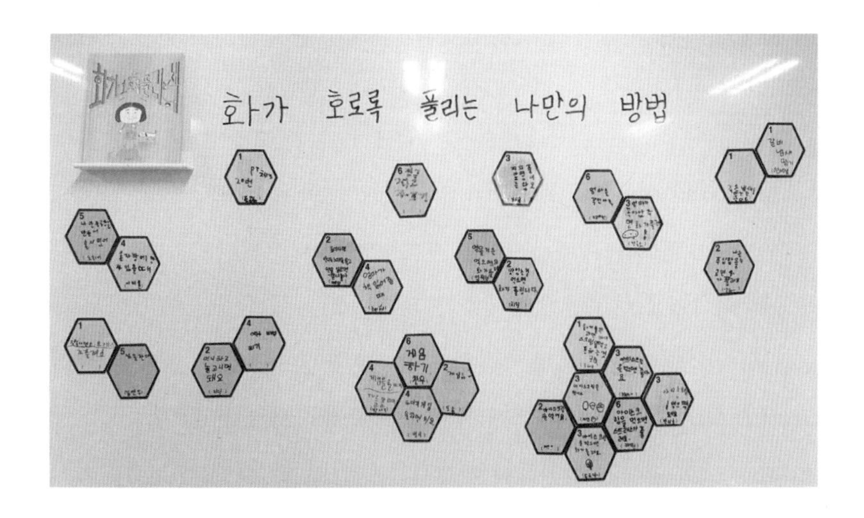

발표 방법이 새로워서인지 아이들은 즐거워하며 수업에 참여했습니다. 화 푸는 방법을 살펴보니 여학생은 대부분 아이스크림을 먹으면 화가 풀린다고 했습니다. 화가 나서 열 받고 뜨거운 게 시원한 아이스크림이 식혀준다고 말하면서요. 남학생은 역시나 게임이었습니다. 게임을 하면 긴장이 돼서 화가 났는지도 잊어버리게 되고 시간 가는 줄 모르게 되기 때문에 화라는 것을 생각할 시간도 없다고 합니다.

아이들 저마다 화가 풀리는 방법을 알고 있다고 생각하니 기특하기만 합니다. 하지만 이것으로는 조금 부족하다는 생각이 들었습니다. 아이들과 화를 푸는 방법이 올바르고 올바르지 않은 것을 구분해 주고 싶은 마음이 들었으니까요. 그래서 다음 날, 가치 수직선 토론을 도전해 보았습니다. 먼저, 화가 났을 때 사람들은 어떤 행동을 하는지 생각나는 대로 이야기해보라고 했습니다. 너희들의 행동이라고 발문한다면 아이들의 대답이 제한적일 것 같아 다른 사람들이라고 지칭하며 범위를 넓혔더니 역시 엄마 때리기, 친구 괴롭히기, 욕하기, 물건 던지기 등 부정적인 반응도 나왔습니다.

아이들 이야기를 들으며 키워드를 하나씩 채운 후, 이제 수직선 자리에 놓아보자고 했습니다. 하나씩 키워드를 떼어가며 수직선의 어디에 가면 좋을지 이야기를 나누었지요. 유튜브 보기는 화를 잊어버릴 수 있어서 좋은 방법이지만 눈이 나빠지고 건강에 안 좋아서 보통이라고 합니다. 그리고 매운 것도 배가 아플 수 있어서 좋아요로 올라가면 안 된다고 하더군요. 요목 조목 따져가며 자신들의 생각을 이야기해나갔습니다. 결정하기

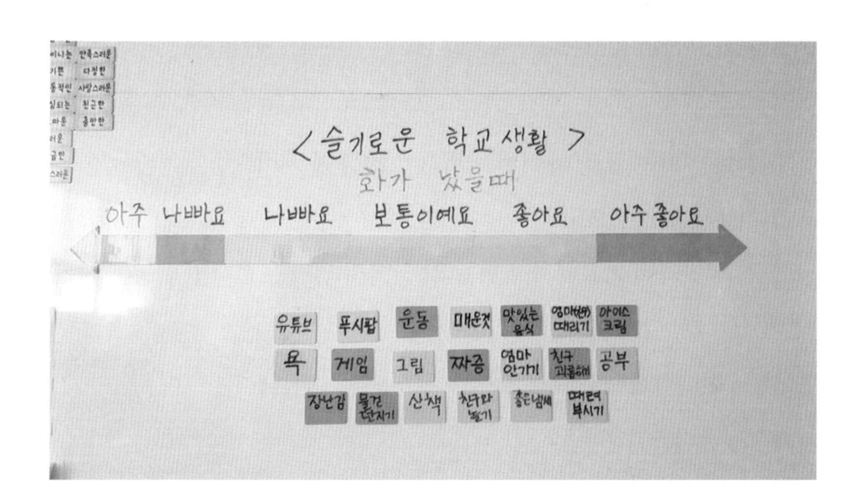

힘든 것은 손을 들어 다수결로 정하되 친구들의 의견을 들어보고 하나씩 조절해 나갔지요. 그렇게 완성된 가치 수직선 토론의 결과입니다.

토론을 마친 후, 아이들과 '아주 나빠요'와 '나빠요'에 위치한 방법은 절대 하지 않기로 약속하고 '아주 좋아요'와 '좋아요'의 방법 중에 학교 생활에서 화가 났을 때 하고 싶은 방법을 마음으로 정하라고 했습니다. 그

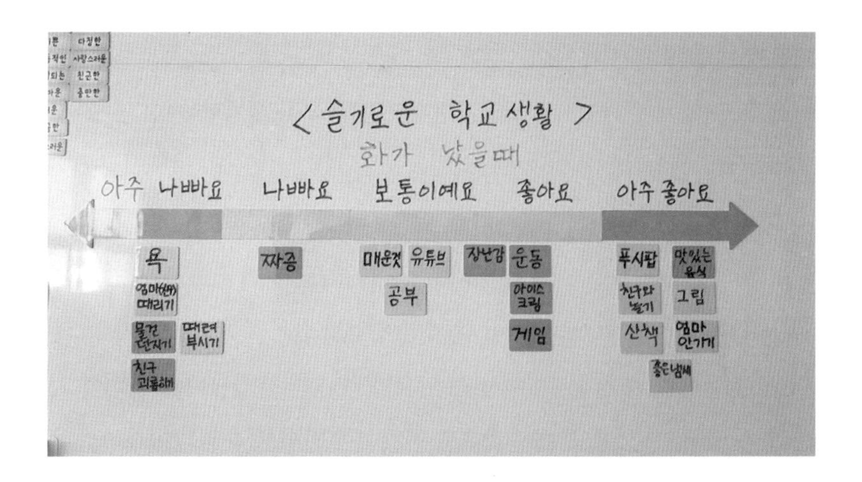

리고 자신의 방법을 발표했지요.

"시율이는 화가 났을 때 어떤 방법으로 화를 풀 거야."

"엄마한테 안기기요."

"그런데 만약에 학교에서 화나는 일 있어서 엄마가 없다면 어떻게 할거야?"

"음…, 선생님한테 안길래요."

갑자기 훅 들어옵니다.

"그래. 그러자."

학교에서는 아이들에게 제가 엄마만큼의 존재가 된 것 같습니다. 그렇게 몇 명이 일어나 발표했지만 서른 명의 목소리를 다 듣기에는 시간이 부족합니다. 발표를 못 했다고 서운하다는 친구들이 보입니다. 하지만 걱정 없습니다. 그럴 때는 친구에게 발표하기 시간을 주면 되니까요. 3분간 교실을 돌아다니며 만나는 친구와 이야기를 나눕니다. 자신이 화났을 때 어떻게 화를 풀기로 했는지 말이에요. 그렇게 모든 아이들이 짧은 시간 안에 발표를 마치게 되는 거지요.

그 후, 어떻게 됐냐고요? 가끔 제게 안기는 친구가 생겨났습니다.

"왜? 화나는 일 있었니?"

"아니요."

그냥 안겼다며 좋은 냄새가 난다고 돌아가기도 하더군요. 안기고 나면 기분이 좋아진다고요. 모야 모야. 혼자만 수업의 효과를 기대한 건가요? 하지만, 매일 매일 깨끗이 씻어야 하는 이유가 하나 더 생겼습니다. 아이들 기분이 좋아진다면 그것도 제가 목표로 삼았던 수업의 효과 아니겠습니까.

함께 읽은 책

화가 호로록 풀리는 책

쉽고 재미있게 화가 풀리는 여러 가지 방법을 소개한 책입니다. 하나씩 따라 해보며 자신에게 맞는 화 푸는 방법을 찾아보세요. 부정적 감정을 올바르게 잘 해소할 수 있어야 다른 사람과의 관계에서도 어려움이 없겠지요.

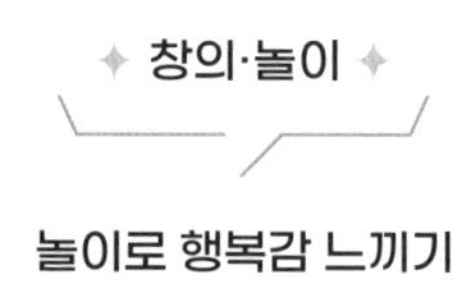

놀이로 행복감 느끼기

끝말잇기

끝말잇기는 말놀이입니다. 하지만 글 놀이가 되면 어떤 모습일까요? 특히 1학년 아이들의 글 놀이라면 말이에요.

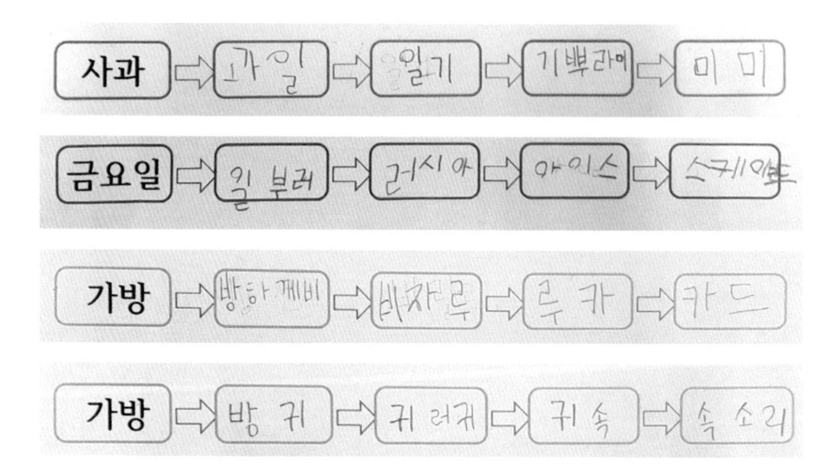

맞춤법은 틀리지만, 끝말은 정확하게 이어가는 센스. 속 소리가 뭐냐고 물어보니 마음속 소리라고 합니다.

이번에는 서현의 『간질간질』을 읽고 끝말잇기 말고 '끝몸잇기' 로 이어집니다. 일명 그림자놀이. 그림책에서 주인공의 머리카락들이 또 다른 내가 되어 주인공 행동을 따라 하며 쫓아다닌 것처럼 술래의 행동을 놀래들이 따라 하는 겁니다. 신나는 배경음악은 필수겠지요.

깔깔거리며 따라 하더니 점점 난이도가 올라갑니다. 엉덩이를 흔들지를 않나, 다리를 찢지를 않나, 급기야 교실을 굴러다니는 술래도 있습니다. 이러다가는 큰일 나겠습니다. 서둘러 다른 술래로 바꾸어 놀이를 이어갑니다.

아이들이 가장 좋아하는 독후 활동이 무엇인지 아시나요? 바로 몸 놀이입니다. 뒷이야기를 상상하기도 하고 그림으로 표현하고, 예쁘게 만들고 꾸미는 활동도 물론 좋아하지만, 몸으로 하는 놀이를 가장 좋아하지요.

그런데 만약 부모님께서 그림책을 읽고 생각 나누기, 독서록 쓰기의 활동에 중점을 두고 책을 읽히신다면 아이들은 독서에 쉽게 지치고 말 겁니다. 엄마가 그림책을 드는 순간 '또 뭔가를 생각해야 되는구나', '또 뭔가 가르치려고 하는구나' 하는 생각에 한숨이 밀려 나오지요. 아이들에게 책에 대한 흥미를 심어주고 싶으시다면 몸 놀이부터 시작하세요. 책을 읽고 나면 항상 즐거움이 따른다는 인식을 심어준 후 중간중간 하고 싶은 생각 나누기 활동을 해도 충분하니까요.

바닥에서 머리카락이 발견되면 “앗 아빠 머리카락이다. 아빠로 변신!” 아빠 흉내를 내며 장난을 치다 보면 재미있게 읽었던 『간질간질』을 가져와 어머니 무릎 위에 앉을 것이고, 토끼 내복을 입은 아이에게 “겨드랑이 토끼가 간지럽히네~ 엉덩이 토끼가 뿡뿡하네”라고 장난을 치다 보면 『내복 토끼』를 가져와 무릎 위에 앉을 겁니다. 그렇게 책을 삶 속에 녹여내고, 다시 삶 속에서 책을 찾게 만드셔야 합니다.

함께 하는 이야기

가끔 어른들은 착각을 하곤 합니다. 제일 좋은 학원을 보내주고 가장 영양가 있는 음식을 먹이고 원하는 모든 장난감을 다 사주는데도 무엇이 불만인지 모르겠다고 말이지요. 아이에게 필요한 건 그런 것이 아닙니다. 부모와 오롯이 함께 시간입니다. 집안일, 회사 일을 제치고 아이에게만 집중하는 시간이요. 사춘기가 들어서면서부터 그동안 쌓아왔던 부모와의 관계가 어땠는지 답이 보이는 시기가 올 것입니다. 자, 그럼 준비 되셨나요?

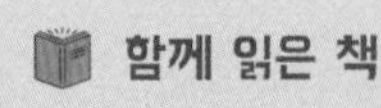

함께 읽은 책

간질간질

머리카락을 뽑는 순간, 머리카락이 또 다른 내가 되어 주인공의 모습과 함께 합니다. 수많은 나 속에 진짜 나를 찾아보는 재미와 그 많은 나를 한방에 정리하는 엄마의 센스에 웃음이 나는 그림책이지요. 아이들과 술래 행동을 따라 하는 그림자놀이 한번 해보세요.

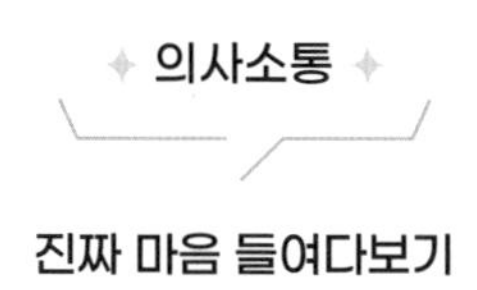

마음의 소리

칭찬을 받은 적이 언제였는지 자신의 경험을 떠올리며 발표하는 시간이었습니다. 한 친구가 "1학년 되니까 혼자서도 잘 자네"라고 칭찬을 받았다는 발표를 하자 여기저기에서 "나도 혼자 자는데", "나도 혼자 자는데"라는 말이 곳곳에서 팡팡 터집니다. 그래서 그 친구들도 칭찬해 줄 겸 "혼자 자는 친구 손 한번 들어보세요"라고 하자 절반 이상의 아이들이 손을 듭니다. 아이들을 좀 더 치켜세우기 위해 한 마디를 덧붙였습니다.

"우와, 진짜 대단하다. 선생님 아들은 중학교 돼서 혼자 자기 시작했어. 선생님 딸도 6학년인데 아직도 선생님이랑 같이 자거든."

그 얘기를 들으면 더 우쭐해할 줄 알았건만 여기저기서 탄식 소리와 함께 예상치 못한 반응이 들려옵니다.

"와~! 부럽다…."

순간 마음이 뭉클합니다.

1학년이 되어 언니, 오빠 노릇 하느라 애쓰고 있는 아이들 마음의 소리를 들었으니까요. 나이라는 숫자에 맞추어 마땅히 해야 하는 일을 익히고, 용기를 품고, 잘 참고, 해내고 있었구나. 아직도 엄마 품이 그리운 작은 아이들인데 말이지요.

이주혜의 『알미운 내 동생』이라는 그림책은 동생을 바라보는 언니의 마음을 담았습니다. 미운 짓, 미운 짓, 그래도 귀여운 내 동생이라는 결론이지요. 하지만 저는 이 책을 읽으며 딱 한 장면에서 마음이 쿵 내려앉았습니다. 엄마에게 업혀있는 동생을 보며 사실은 자기도 업히고 싶다는 언니의 말이 담긴 장면이요. 아마 오늘 아이들에게 느꼈던 감정이 살아나서인지도 모르겠습니다.

아이들과 함께 읽으며 그 장면에서 멈췄습니다. 그리고는 말했지요.

"혹시 너희들도 엄마에게 그동안 하지 못했던 말들이 있니? 붙임쪽지에 적어서 이 장면 위에 붙여줄래?"

– 엄마. 언니와 동생과 같이 자지만 가끔씩은 엄마랑 나랑 단둘이 자고 싶어요. 안고 있을 인형도 찢어져서 마음이 불편해요.

– 엄마, 가끔은 나랑 엄마랑 둘이서, 아빠랑 동생 둘이서 다니면 좋겠어.

– 엄마, 밤에 일하러 가지 말아줘. 혼자 누워있기 싫어.

– 흰머리 뽑을 때 100원씩 주세요.

– 엄마 컴퓨터 하지 말고 저랑 좀 놀아요. 그러면 행복해요.

– 엄마는 내 마음도 모르면서 거짓말쳤다고 하고 나한테 더 많이 혼내고 엄마랑 같이 자고 싶은데 항상 안된다고 하고 기분이 상했어.

– 엄마, 잘 때 꼭 안아줬으면 좋겠어.

– 외동이라서 무서워.

– 엄마. 공부 조금만 시켜주세요. 공부가 너무 많아서 힘들어요.

아이들의 진짜 소리를 들으셨나요? 이런 아이들의 마음을 담은 허은미의 『진정한 일곱 살』도 있습니다. 일곱 살이 되면 할 줄 알아야 하는 내용들이 담겨있지요. 하지만 일곱 살에 할 수 없으면 여덟 살, 아홉 살에 해도 괜찮다는 스스로의 위안도 담겨있습니다. 아이들과 함께 읽으며 이야기를 나눠 보세요.

잠자리 독립도 중요하고 공부도 중요하지만 아직은 어린아이라는 것도 잊지 마시고 많이 안아주고 사랑해주세요. 가끔은 불끈 밤하늘 아래 도란도란 이야기하며 함께 잠드는 날도 있길 바랍니다.

함께 읽은 책

얄미운 내 동생

아직 옹알옹알 말도 못 하는 동생 때문에 괴로운 언니 이야기입니다. 답답한 상황을 넘기면 속시원한 언니의 속마음 장면이 이어져 사이다를 마신 기분도 느끼지요. 언니가 된 아이의 마음이 아닌 오롯한 아이의 마음을 들여다보는 시간도 가져보세요.

진정한 일곱 살

진정한 일곱 살이 되기 위해서는 할 줄 알아야 하는 것들이 많다고 합니다. 그중에서도 혼자 잘 수 있어야 한다는데 아직은 무리인가 봐요. 함께 읽으며 진정한 여덟 살, 아홉 살 이야기도 한번 만들어보세요.

제4부

기억해, 함께라서 더 행복하다는 것을

_타인의 감정에 공감하고 배려하기

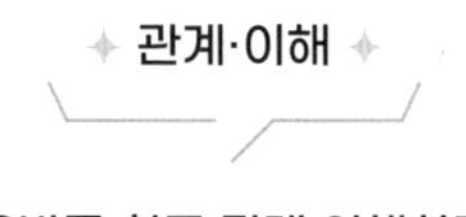

올바른 친구 관계 이해하기

이 친구는 내 거야

유난히 여학생에게 인기가 많은 남학생이 있었습니다. 점잖고 모범적인 행동으로 제가 봐도 멋있습니다. 쉬는 시간 여자아이들은 그 남학생에게 몰려들었고 책을 읽고 있는 아이의 머리를 사과 꼭지 모양으로 묶어 주기도 하고 어떤 친구는 허리를 감싼 채 안겨 있기도 합니다. 그런 상황을 지도해야 할 지 보고만 있어야 할지 난처하기만 했습니다.

그러다 하루는 그 남학생이 도움을 요청하러 왔습니다.

"선생님 혜인이가요. 제 목을 졸랐어요."

"뭐? 어떻게?"

뒤에서 안았는데 너무 세게 안아서 목이 졸렸어요."

아이고 역시 인기스타는 괴로워.

그제야 아이들에게 이야기를 시작했습니다.

"친구를 좋아하고 친하게 지내고 싶은 마음은 이해하지만, 그 행동이 지나쳐서 친구가 힘들어지면 그것은 더 이상 환영받을 수 있는 감정이 아니야. 친구를 좋아하는 마음도 여러 가지 사랑의 종류로 본다면 건 나쁜 사랑법이 되는 거야. 그리고 좋아하는 마음을 표현하는데 친구가 불편해 한다면 그것도 마찬가지겠지?"

이후로도 우리 반 인기스타는 여전히 쉬는 시간 꽃들에게 둘러싸입니다.

'얘들아. 그 누구도 왕자님을 혼자 독차지할 수는 없단다. 그리고 왕자님. 싫은 행동은 단호하게 '싫어' 라고 말해주세요. 제발'

그러던 어느 날, 갑자기 한 친구가 찾아와 은밀히 일러주고 갑니다.

"선생님. 나영이가요. 학교 끊고 싶대요."

학교를 끊고 싶다니요. 아이들의 표현이란 참! 웃음이 납니다. 하지만 얘들아, 학교는 싫다고 끊을 수 있는 게 아니란다.

"왜?"

"그건 모르겠어요. 나영이 데리고 와볼까요?"

"그래."

잠시 후 나영이가 왔습니다.

"왜 학교를 끊고 싶어?"

"그게요. 채희한테요 제가 사과했는데요. 자꾸 저 피하고요. 잘 안 놀아 주는 거 같아요."

생각보다 이유가 무거웠습니다.

"선생님이 도와줄까?"

나영이는 고개만 끄덕였습니다.

채희를 조용히 불러서 살짝 물어봤습니다.

"채희야 요즘 불편한 친구가 있어?"

"아니요."

"그럼. 나영이랑은 어때? 사이 좋아?"

조용합니다.

"나영이가 너랑 친하게 지내고 싶다는데 우리 함께 이야기 해 볼까?"

"근데요. 나영이가 자꾸 다른 친구랑 못 놀게 하고요. 다른 친구랑 놀면 자꾸 째려보고요. 그래가지고 좀…."

생각보다 아이들이 골이 깊습니다. 가끔 아이들 사이에서 단짝으로 인한 다툼이 일어나곤 합니다. 자기가 좋아하는 친구가 다른 친구와 놀면 서운해하기도 하고요. 그럴 때 함께 읽으면 좋은 책이 있습니다. 가브리엘 알보로조의 『잘자, 반디야』입니다.

어둠을 싫어하는 니나는 전기가 나가자 반딧불이를 유리병에 담아 옵니다. 그렇게 반딧불이는 캄캄한 어둠 속의 밝고 반가운 친구가 되지요. 함께 책을 읽고 그림자놀이를 하며 시간을 보내지만 반딧불이는 빛을 점점 잃어갑니다.

친구란 그런 것입니다. 소중하고 예뻐서, 내가 좋아한다고 해서 나만의 병 속에 가둘 수는 없지요. 자유롭게 날며 다른 친구와 만나서 또 다른 빛을 내어야 오래오래 함께 할 수 있는 것이지요. 그래야 또다시 만났을 때 더욱 반가운 것이고요.

오늘처럼 친했던 친구가 안 놀아준다며 울고 찾아올 때면 저는 항상 이렇게 말해줍니다.

"그 친구는 니나의 반딧불이처럼 갇히고 싶지 않을 거야. 오늘은 다른 친구와 놀고 싶었을 거고. 하지만 네가 미워서가 아니란다. 다른 친구와도 놀고 싶은 그 친구의 마음을 존중해줘야 해. 며칠이 지나면 다시 너랑도 놀게 될 테니까 걱정하지 말고, 너도 오늘은 너를 기다리는 다른 친구와 시간을 가져보지 않을래?"

함께 하는 이야기

같은 반이라고 해서 모든 아이들과 친구가 될 수도 없습니다. 마음이 맞는 친구와 마음이 맞지 않는 친구로 나뉠 뿐이지요. 마음이 맞지 않는 친구에게 억지 우정을 요구할 수 없습니다. 마음을 나눌 수 있는 다른 친구들과 좋은 관계를 맺고 학급 살이를 하는 것이 올바른 관계 형성입니다. 다만, 마음이 맞지 않다고 해서 서로를 비난하거나 공격해서는 안 됩니다. 서로의 마음을 존중하며 이해해야 하는 것이지요.

함께 읽은 책

잘 자, 반디야

어둠을 무서워하는 니나는 항상 밤에도 빛이 필요했어요. 하지만 정전이 된 어느 날, 니나는 반가운 반딧불이를 만납니다. 하지만 병 속에 갇힌 반딧불이는 점점 기운을 잃고 말지요. 자신을 놓아준 니나를 위해 반딧불이들이 밤하늘을 수놓은 글자가 있습니다. 무엇이었을까요? 소중한 친구일수록 그 친구의 마음을 자유롭게 해줘야 한다고 아이들에게 꼭 일러주세요. 유리병에 갇힌 니나의 반딧불이가 힘들어하는 모습을 잊지 말라고요.

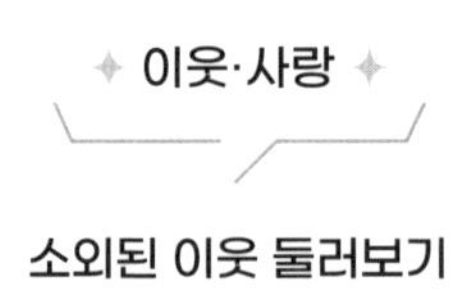

소외된 이웃 둘러보기

첫 질문 수업

이웃에 관한 이야기를 배울 때면 항상 꺼내 드는 책이 있습니다. 바로 『우리 가족입니다』를 쓰신 이혜란 작가님의 신흥반점 강희의 두 번째 이야기 『뒷집 준범이』입니다. 연필로 그려진 이 그림책은 흑백 사진처럼 그림 장면이 펼쳐지지만, 등장하는 아이들 곳곳에 알록달록한 색들이 묻어 있는 것이 특징입니다.

책 속 준범이는 새롭게 이사를 와서 이웃 아이들과 어울리지 못하고 창 밖으로만 노는 아이들의 모습을 바라보곤 했습니다. 준범이의 집은 TV를 켜뒀지만 여전히 어두컴컴한 모습이고 바깥의 아이들이 노는 곳은 밝은 빛이 가득합니다. 그러다 친구들이 같이 놀자며 준범이 집으로 들어오는 순간 밝은 빛과 알록달록 예쁜 색이 함께 문으로 들어오지요. 강희네 식당의 맛있는 짜장면도 나눠 먹으며 그렇게 친구가 되어갑니다. 아이들도 준범이의 마음 변화와 그려지는 색에 집중하며 저와 함께 그림책을 차근히 읽어 나갔습니다.

책을 다 읽은 후 첫 질문 수업을 시도해 보았습니다.

『옥이샘의 뚝딱 미술』에서 제공되는 칭찬 기차 캐릭터를 살짝 질문 기차로 글자를 바꾸어 칠판에 붙였습니다. 그리고는 아이들에게 이렇게 말했습니다.

"애들아, 오늘은 우리 질문 기차를 한 번 만들어보자. 이 책 읽고 궁금한 것, 알고 싶은 것들을 떠올려 보고 이 붙임쪽지에 써서 기차 모양 뒤쪽으로 길게 길게 붙여 나가는 거예요."

아이들은 질문 만들기보다 기차 만들기에 더 관심을 보이며 붙임쪽지에 자유롭게 써 가기 시작했습니다.

푸하하. 첫 번째 기차 칸에 채워지기 시작한 질문을 보니 너무나 재미있습니다. 이것이 1학년의 맛인가요. 이웃이라는 주제보다는 짜장면에 더 관심이 많습니다. 그렇게 아이들의 서른 개의 질문이 이어졌고, 저는 비슷한 질문들을 묶어 주었습니다. 이후에는 다른 색깔의 붙임쪽지를 활용하여 친구들의 질문에 답을 해보자고 했습니다. 자신이 그림책 속의 인물이 되었다고 생각해서 성의껏 대답을 적어주어야 한다고 했지요.

짜장면이 초점이 된 질문도 이제는 이웃으로 방향을 돌려야 할 때였습니다. 아이들 답으로 다시 오늘의 배움 주제로 이끌고 와야 하니까요.

"얘들아. '짜장면 맛있었니?' 라는 질문에 만약에 답을 한다면, '응, 맛있었어' 라고 짧게 대답하는 것보다 왜 맛있었는지, 어떤 부분이 맛있었는지, 누구와 함께 먹고 싶은지 등을 생각하면서 자세히 써줘야 진짜 좋은 답이 되는 거예요. 곰곰이 생각하고 성의 있게 써주세요."

그렇게 서툰 질문들도 혼자인 이웃에 대한 외로움을 공감하며 제자리를 찾아갔습니다.

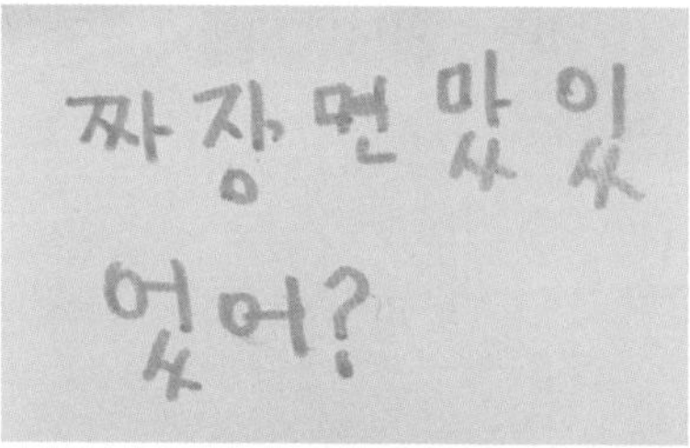

짜장면 맛있었어?

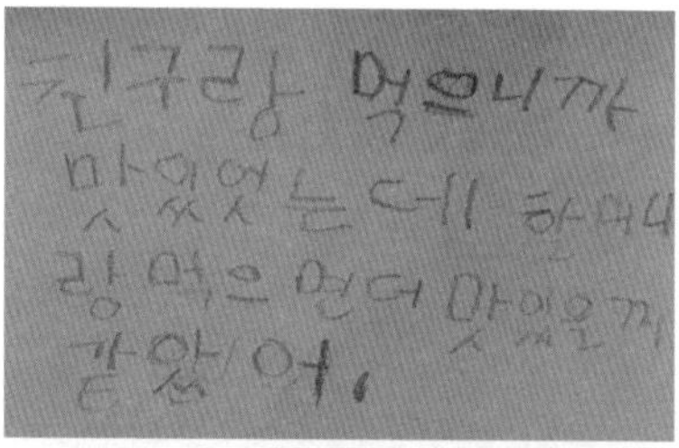

친구랑 먹으니까 맛있었는데 할머니랑 먹으면 더 맛있을까 같았어.

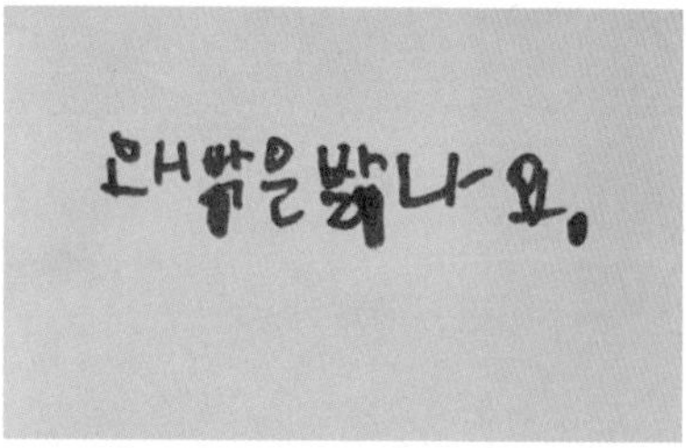

왜 밖을 봤나요.

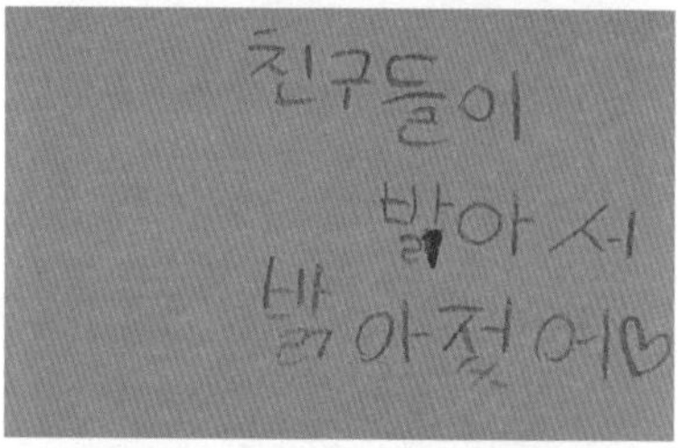

친구들이 밝아서 밝아졌어♡

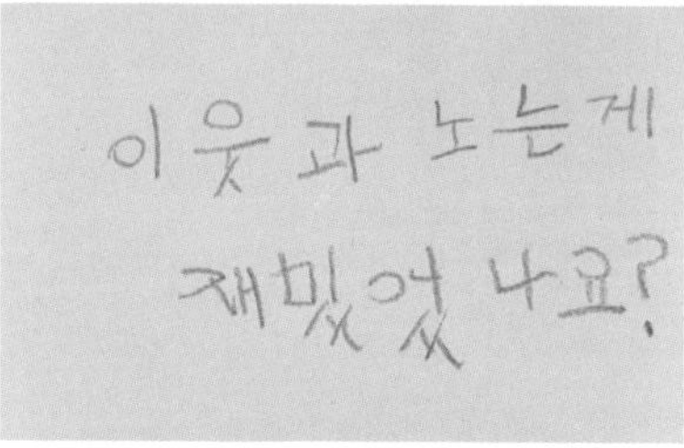

이웃과 노는 게 재밌었나요?

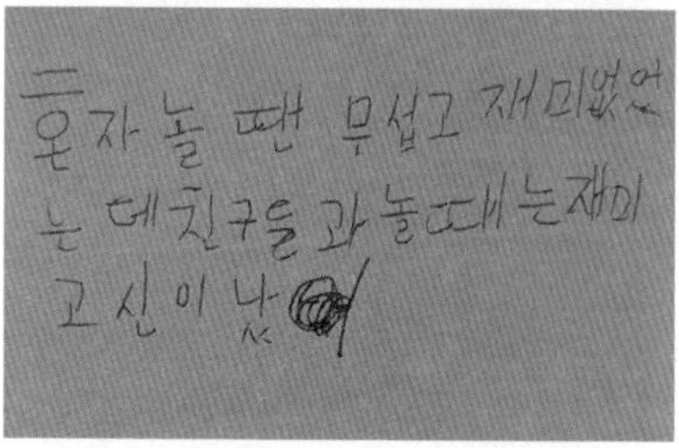

혼자 놀 땐 무섭고 재미없었는데 친구들과 놀 때는 재미고 신이 났어

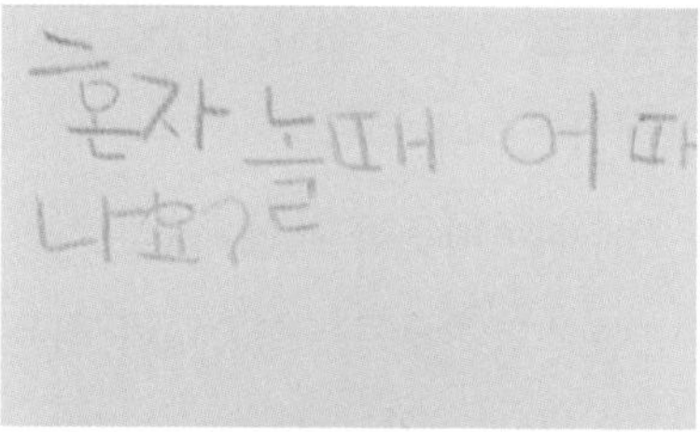

혼자 놀 때 어땠나요?

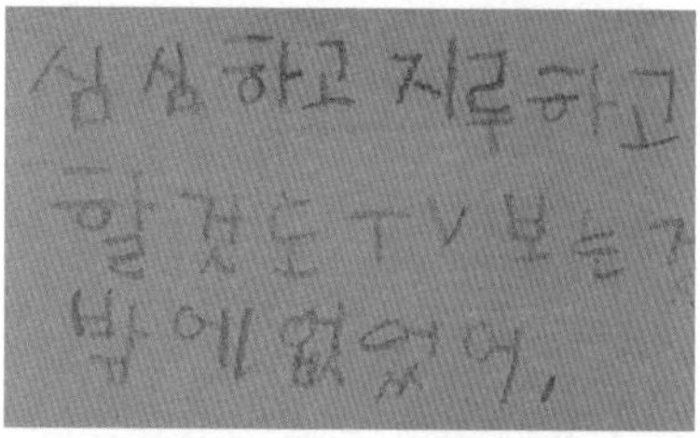

심심하고 지루하고 할 것도 TV 보는 것밖에 없었어,

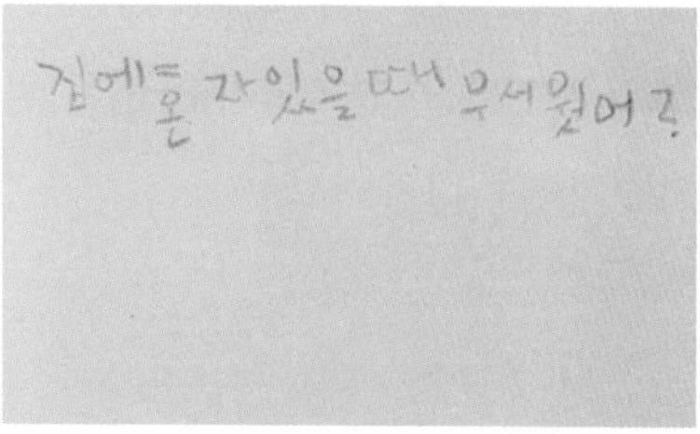

집에 혼자 있을 때 무서웠어?

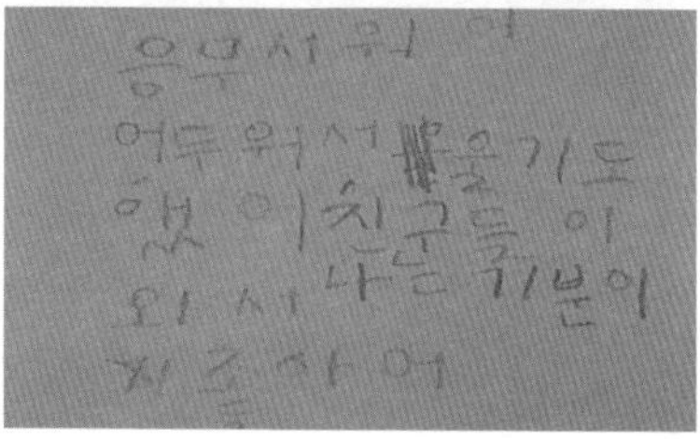

응 무서워어 어두워서 울기도 했어 친구들이 와서 나는 기분이 좋아졌어

이외에도 눈에 띄는 질문과 답도 보였습니다. 할머니와 단둘이 살아가는 준범이를 보며 이런 생각이 들었나 봅니다.

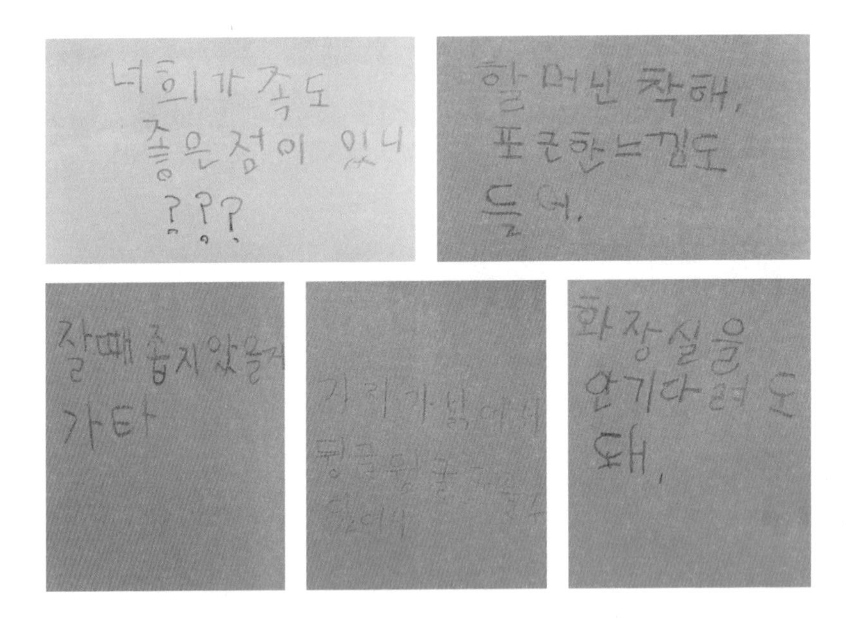

잘 때 좁지 않았다. 자리가 넓어서 뒹굴뒹굴 구를 수 있다. 화장실을 안 기다려도 된다는 아이다운 답도 너무 재미있었습니다.

이 수업을 통해 아이들과 외로운 이웃에게는 따뜻한 관심이 필요하다는 것을 함께 나누었고 가까운 우리 반도 한번 둘러보기로 했습니다. 쉬는 시간 혼자 자리에 앉아있다거나 친구들과 잘 어울리기를 부끄러워하는 친구를 찾아 먼저 다가가기로 약속도 하며 말이에요. 알록달록한 예쁜 색을 전달하며 무지갯빛 학급이 되기를 희망해 봅니다.

함께 읽은 책

뒷집 준범이

연필그림으로 우리들의 소소한 일상이 더욱 잘 표현된 그림책입니다. 준범이의 시점으로 따뜻한 이웃의 모습을 잘 표현해냈으며 마치 우리 동네 이야기처럼 친근한 느낌이지요. 책을 읽고 혹시 교실에 준범이처럼 어울리지 못하고 혼자 있는 친구가 없는지 물어봐 주세요. 그 친구에게 강희처럼 다가가 보라고 말이지요.

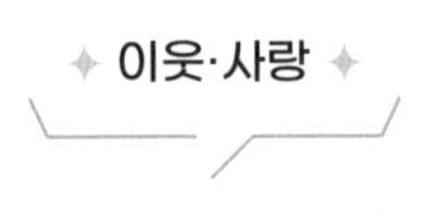

고마운 이웃에게 감사한 마음 갖기

빛이 되어준 이웃들

오랜만에 마음이 몽글몽글해지는 그림책을 만났습니다. 환경미화원의 이야기를 담은 박보람의 『어둠을 치우는 사람들』입니다.

첫 문장부터 가슴을 울렸습니다. 환경미화원을 어둠 속에서 쓸모없이 버려진 흔적을 가져가는 사람들이라고 표현하거든요. 읽는 내내, 가슴이 먹먹합니다. 아이들과 이웃을 공부할 때 함께 읽으면 딱 좋은 책입니다. 게다가 얼마나 고마운 이웃인가요. 모두가 꺼리는 일을 책임 있게 해내시고 그 속에서 보람을 찾으시는 분들이잖아요. 가끔 생각합니다. 과연 나는 저런 일을 해낼 수 있을까. 공익을 위해 꼭 필요한 일이지만 누구나 쉽게 도전할 수 없는 어려운 일. 정말 존경받아 마땅하다는 생각이 듭니다. 그런 분들의 마음을 잘 담아낸 책이었습니다.

문장이 함축적이라 아이들이 잘 이해할 수 있을지 염려는 되었지만 일단 부딪혀 보았습니다. 알 듯 말 듯의 어렴풋함이 언젠가 의미로 다가올 날이 있을 거라는 기대감으로 말이에요. 그렇게 한 장 한 장 이야기를 나누고 아이들에게 질문을 던졌습니다.

"얘들아. 왜 이 책의 면지는 분홍색일까? 선생님 생각에는 의미가 있을 것 같아. 그냥은 아닌 것 같은데."

역시나 질문이 어려웠을까요. 한참을 고민하며 생각합니다.
"선생님. 밝게 살라고 그런 거 아닐까요?"
"누가 밝게 살기를 바라는 것 같아?"
"쓰레기차 아저씨들이요. 힘들지만 밝게 살라고요."

"선생님. 분홍 꽃 선물하고 싶어서 그런 거 같아요. 환경미화원분들에게요."

"선생님. 벚꽃 구경 가라고 하는 거 아닐까요?"
"왜?"
"분홍색이 벚꽃 같잖아요."
역시 아이들다운 대답입니다. 그 대답 속에서 어렴풋이 다가갔지만, 그림책의 내용을 잘 이해하고 환경미화원분들의 노고를 아이들이 느끼고 있다는 것도 짐작할 수 있었습니다.

그리고는 아이들에게 감사한 이웃에게 선물을 해보자는 제안을 했습니다.

"네? 저 돈 없어요. 엄마가 안 주는데요."

또 실수인가요? 주섬주섬 주머니 속의 동전까지 받을 뻔했습니다.

"아니~ 진짜 돈으로 산 선물이 아니라 우리가 그림으로 그려서 '이런 선물 드리고 싶어요.' 라고 마음을 전하는 거야. 대신 그림 옆에 왜 이 선물을 주고 싶은지 써 주는 거예요."

흥미롭게 느껴졌는지 아이들은 얼른 종이를 한 장씩 받아들고는 환경미화원분들께 드리고 싶은 선물을 그리고 이유를 쓰기 시작했습니다. 두 개 아니 세 개, 네 개씩 그려서 붙이기 시작하자 아이들의 선물이 칠판을 가득 채워 버렸습니다.

선물을 한 번 살펴볼까요?

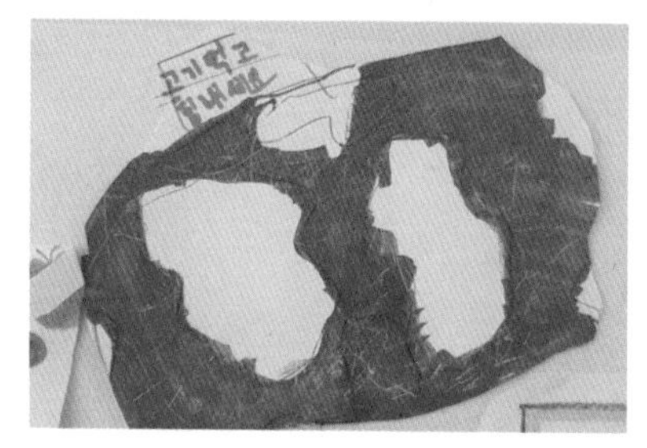

역시 고기는 사랑입니다.

비싼 안마의자도 등장합니다.

심심할 때 읽을 수 있는 책

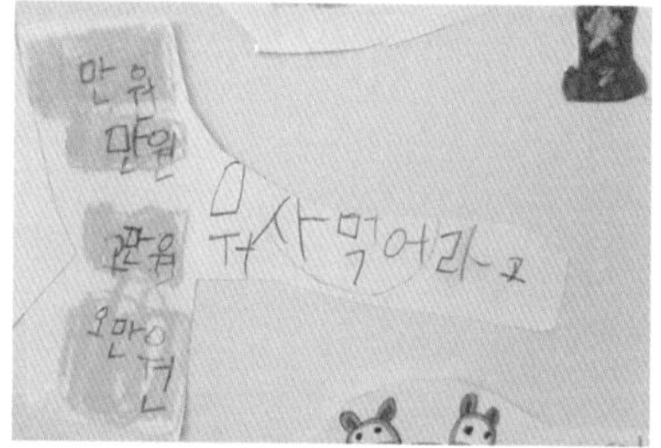

특별한 날 용돈 받는 것이 익숙한 탓인지 돈도 보입니다.

비행기 타고 여행 다녀오라는 여행 티켓도 있네요.
남학생은 핸드폰 게임을 권하기도 합니다. 본인의 스트레스 해소법이라나요.

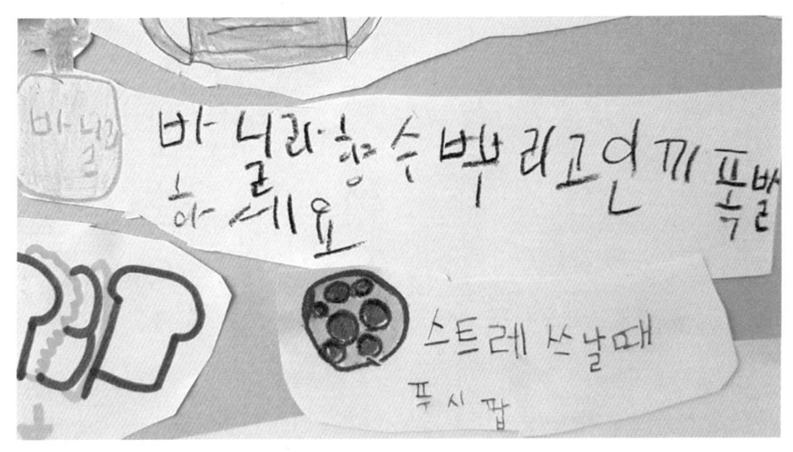

– 불쾌한 냄새로 다른 사람들에게 피해가 갈까 염려한다는 그림책 속의 이야기를 듣고 바닐라 향수 뿌리고 인기 폭발하라는 응원의 메시지도 있습니다.
– 푸시팝을 아시나요? 팝잇이라고도 하더군요. 실리콘 재질로 되어 올록볼록한 것을 꾹꾹 누르면 스트레스가 해소된다며 요즘 아이들에게 너무나 인기 있는 제품입니다. 책 속에서 무례한 사람들로 인해 가끔 마음을 다친다는 말을 듣고 선물하는 거라고 하는군요.

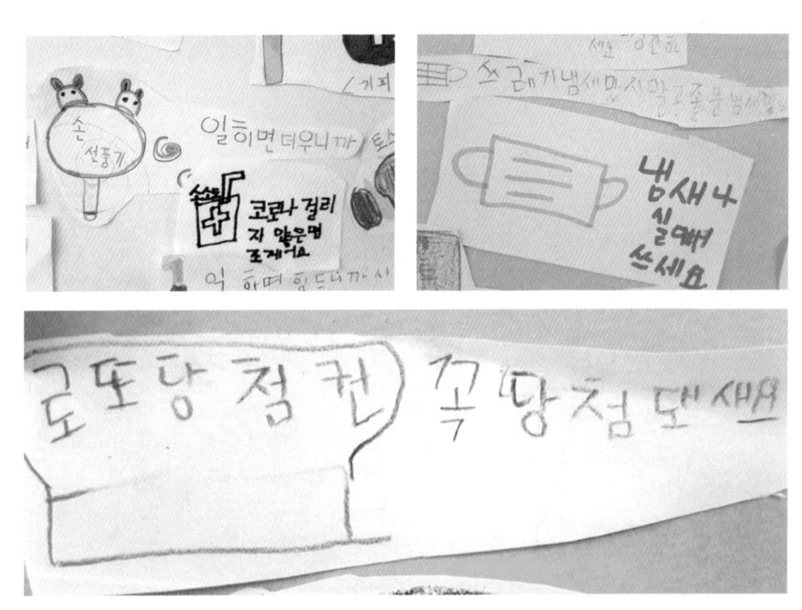

급기야 로또 당첨권도 보입니다.

세상에는 그 무엇도 당연한 것은 없습니다. 우리가 쾌적하게 살아가고 있는 깨끗한 거리와 환경은 결국 어떤 누군가의 숨은 노고가 있었기 때문이라는 것을 아이들이 깨달은 날이길 바라봅니다. 또한, 이런 아이들의 따뜻한 마음도 잘 전달되었으면 좋겠습니다.

함께 읽은 책

어둠을 치우는 사람들

환경미화원의 이야기를 담은 그림책입니다. 우리가 보이지 않는 곳에서 애쓰고 고생하시는 모습에 가슴이 뭉클하지요. 누구나 쉽게 할 수 없는 일을 해내시는 게 진짜 영웅이 아닐까요. 아이들과 함께 읽으며 고마운 이웃에 대해 함께 생각해보시길 바랍니다.

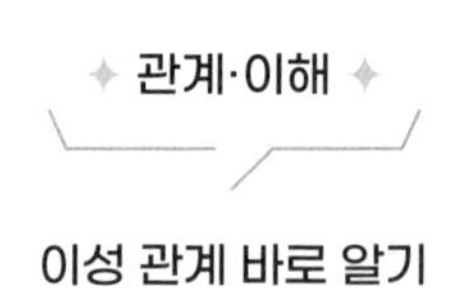

이성 관계 바로 알기

눈물의 이별

찰랑찰랑 긴 생머리의 생글생글 잘 웃어주는 여자아이. 누가 봐도 예쁜 그 아이를 시안이가 유난히 따라다닙니다. 언젠가부터 그 예쁜 유정이를 여자친구라고 칭하며 씩 웃기도 하고 고이 접은 색종이도 전해 주었습니다. 그런데 유정이는 크게 동요치 않아 보였고 그 상황을 좀 부담스러워하는 듯 보였습니다.

그러던 어느 날 남자아이가 심각한 표정으로 다가와 말했습니다.

"선생님, 유정이가 저보고 절교하재요."

"응?"

안 그래도 시안이에게 한 번 이야기를 해 줘야겠다는 마음을 먹었던 찰나였습니다.

"시안아. 유정이 마음도 존중해야지 일방적으로 좋아한다고 하면 여자는 부담스러워해. 그리고 유정이는 생각도 없는데 네가 여자친구라고 해서 더 부끄러웠던 것 아닐까?"

그런데 갑자기 유정이가 뛰어나오더니 울먹이며 말합니다.
"아니 그게 아니고요. 우리 엄마가 아직은 남자 친구 사귀면 안 된다고 해서. 그래서 절교하자고 한건데…."

유정이가 여러모로 곤란했구나 싶어서 시안이에게 좀 더 잘 말해줘야겠다 싶었습니다.
"그래 시안아. 내가 좋아한다고 해서 다른 친구도 똑같이 나를 좋아할 수는 없어. 나를 좋아하지 않는 그 친구의 마음도 존중하고 인정해줘야 하는 거야. 그게 진짜 사랑이야. 그렇게 선생님하고 배워가는 거야."

나름 최선의 방법으로 시안이를 이해시키고 설득하고 있는데 유정이가 갑자기 끼어들며 말합니다.

"아니요. 그게 아니고요. 저도 시안이 좋아하는데요. 엄마가…엄마가…."
오 마이 갓! 예상치 못한 전개입니다. 못말리는 제 편견으로 시안이를 오해하고 있었던 것이지요.

그 말을 듣자 시안이는 울음이 터졌고, 그 걸 본 유정이도 울기 시작했습니다.

한쪽에선 구슬 같은 눈물을 떨어뜨리고, 한쪽에선 닭똥 같은 눈물을 소매로 훔쳐내고 있습니다. 이 둘을 아니, 전 어쩜 좋습니까.

어리다고 해서 사랑의 감정을 무시할 수는 없습니다. 어리면 어린 대로, 성숙하면 성숙한 대로 그 나이에 맞게 사랑의 감정을 서로 나누는 것이니까요. 하지만 올바른 사랑법은 아이들에게 이야기해줄 수 있습니다. 사랑의 바탕은 언제나 존중이 되어야 한다는 것을요. 아무리 사랑하더라고 그 사람의 모든 것이 나의 소유물이 될 수 없다는 것과 더 이상 이어갈 수 없는 상대방의 감정과 상황을 이해하고 받아 들여야 하는 것입니다. 그것이 사랑의 바탕인 존중인 것이겠지요. 아이들에게 건강한 사랑법과 건강한 이별법을 알려주세요.

히코 다나카의 『아홉살 첫사랑』을 아시나요? 양장본의 그림책은 아니고 짤막한 이야기들이 이어지는 저학년 동화라고도 볼 수 있는데요. 아홉 살 아이가 느끼는 사랑이라는 감정을 풀어낸 책입니다. 오랫동안 그림책을 함께 공부해 온 강지빈 선생님은 이 책을 6학년 아이들과 함께 읽고 사랑이라는 감정에 대해 함께 이야기를 나누었다고 했습니다. 이제 막 사춘기가 시작된 아이들 스스로 사랑이라는 개념의 정의를 내려보고 설렘과 사랑의 차이에 대해서도 의견을 나누며, 이성 교제에 대한 여러 가지 고민도 서로 이야기해보는 뜻깊은 시간이었다고 하셨습니다.

적당한 때가 오면, 이성 교제가 시작되기 전 자신이 생각하는 사랑이라는 감정을 정의 내리고 어느 정도의 감정이면 이성 교제를 할 수 있을지에 대한 이야기를 나눠 보세요. 사랑이라는 감정에 대한 깊은 고민과 생각들이 언젠가 두근대는 이성을 만났을 때 도움이 될 테니까요.

함께 읽은 책

아홉 살 첫사랑

『아홉살 첫사랑』은 동화입니다. 아홉 살이 된 하루와 카나가 새로운 감정에 집중하며 고민하면서 사랑이라는 감정을 배워나가지요. 그렇게 조금씩 자라가는 이야기를 담았습니다. 아이들이 생각하는 사랑이라는 정의는 무엇일까요?

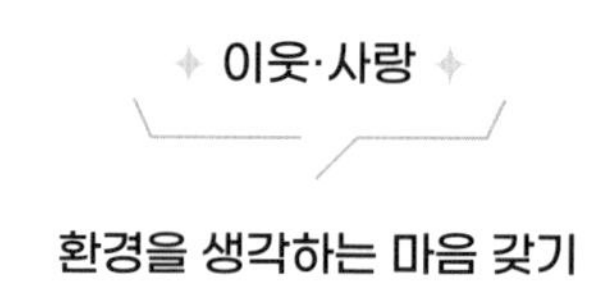

환경을 생각하는 마음 갖기

환경 지킴이

오랜만에 하천이 흐르는 카페거리에 산책을 나섰습니다. 아직은 따가운 햇빛이라 커피숍에 들러 시원한 음료 한 잔을 사서 들고 나왔습니다. 플라스틱 용기에 꽂힌 종이 빨대를 보며 생각합니다. 텀블러를 가지고 나올걸. 이 플라스틱 용기도 종이 용기였으면 얼마나 좋을까.

저는 일회용품을 줄여야지 다짐하면서도 늘 실천하지 못했습니다. 분리수거는 철저히 하는 편이었지만 배달 음식을 좋아하는 저로서는 정말이지 플라스틱에서 벗어나질 못했기 때문입니다. 해마다 아이들과 환경 수업을 하며 자신이 부끄러웠습니다. '그래. 다른 건 못해도 플라스틱 빨대만은 쓰지 말자. 이 건 꼭 실천해야만 해.'

권민조의 『할머니의 용궁 여행』은 코에 박힌 빨대로 괴로워하는 바다거북 영상을 보고 마음이 아파, 바다 동물들을 도와줄 방법을 어린이 친구들과 함께 고민해 보고 싶어 만들었다고 합니다.

유쾌한 사투리와 박력 넘치는 해녀 할머니의 모습, 그리고 유머러스한 이야기가 아이들의 눈을 사로잡습니다. 해녀인 할머니가 물질하러 바닷속으로 들어갔다가 도움을 요청하는 광어를 따라 용궁으로 가 아파하는 동물 친구들을 도와주는 내용입니다. 전래동화인 토끼와 자라의 이야기를 똑 닮아 더 재미를 더해주기도 하지요. 하지만 재미있는 스토리 안에 웃을 수 없는 사실이 담겨있습니다. 바로 환경오염으로 힘들어하는 동물 친구들의 모습을 마주하게 되니까요.

아이들과 그림책을 읽은 후 빨대가 코에 박힌 바다거북 영상도 함께 봤습니다. 너무 불쌍하다며 눈을 가리고 힘들어하기에 처음 조금을 보여주고 끝부분에 빨대를 쑥 뽑아내는 장면만 본 후, 다른 해양 동물의 피해 사진을 찾아보며 안타까운 현실과 마주했습니다.

아이들과 이러한 피해를 줄이기 위해서는 우리가 어떻게 해야 할지를 이야기해 보았습니다. 그중 분리수거의 중요함을 알아보고 모형 자료를 통해 간접적으로 체험해 보기로 했습니다.

교육 상품 몰에서 미리 구매한 자석 분리수거 키트를 활용하여 아이들이 한 명씩 나와 쓰레기를 알맞은 분리수거함에 버리는 체험 활동을 이어나갔습니다.

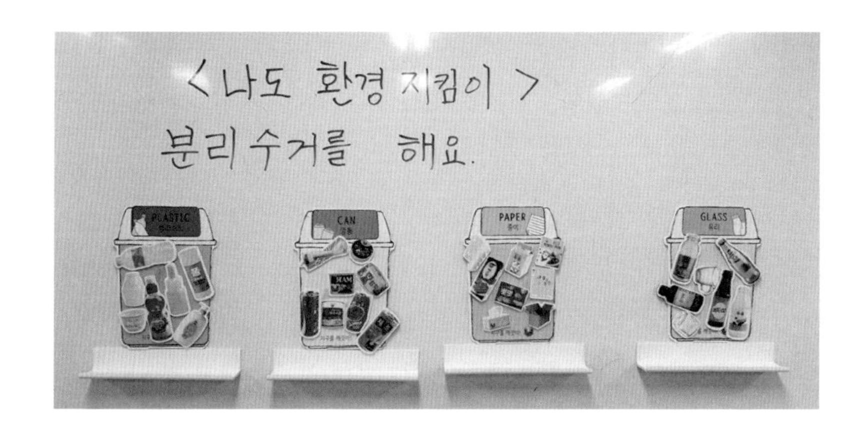

모두 한 번씩 나와 분리수거를 해보는 활동을 했지만 조금 더 익숙해지기 위해 따로 마련한 학습지를 내주었습니다. 그림 조각을 잘라 알맞은 분리수거함 모양 위에 붙이는 활동이었습니다.

여기서 잠깐, 왜 1학년 아이들은 그렇게 자르고 붙이고 색칠하고 그리는 활동을 많이 하냐고요?

1학년은 소근육 발달을 위한 손힘 기르기 활동이 매우 중요한 시기이기 때문입니다. 그래서 글을 쓰고 그림을 그리고 또 가위질하고 풀칠하는 활동이 많이 이루어지고 있는 것이지요.

그래서 학습지 활동은 잘 되었냐고요?

망했습니다. 오늘 수업 때문에 제 목소리를 잃을 뻔했습니다.

작은 그림 조각 하나하나를 자리에서 들고 끝없는 질문 세례가 이어졌거든요.

"이건 뭐에요?"

"이건 플라스틱이에요?"

"이거 어디 붙여요?"

결국 그날 제 귀는 아이들 질문으로 흠뻑 젖었습니다.

한 번씩 나와서 체험했다고 해서 모두 익힌 것은 아니었습니다. 반복적인 학습이 중요함을 느꼈고, 그 반복이 어느 정도 이루어졌을 때 개인학습지도 무리 없이 해나갈 수 있다는 것을 알았습니다. 아이들과 함께 저도 매일이 배워가는 날입니다.

"파란 건 풍선 맞고, 검은 색은 비닐봉지란다."

함께 읽은 책

할머니의 용궁여행

즐겁고 유쾌한 스토리 속에 우리가 반드시 마주해야 할 불편한 진실이 담겨있는 그림책입니다. 아이들과 함께 읽은 후, 관련 영상자료도 함께 찾아보며 플라스틱으로 인한 바다 오염의 심각성을 알려주시고 환경을 위해 실천할 수 있는 일도 함께 찾아보세요.

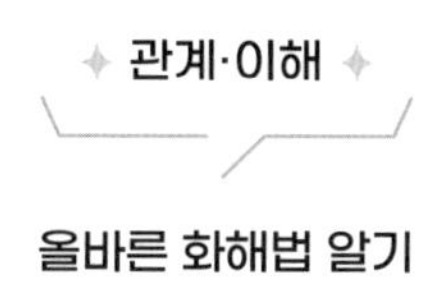

올바른 화해법 알기

상남자들의 화해법

남자아이들의 특성이 잘 담긴 박정섭의 『짝꿍』이라는 그림책이 있습니다. 오해로 인해 짝꿍과 다투고 긴 시간이 흘러 오해라는 것을 알게 되지요. 어색해진 둘 사이, 어떻게 해결할까요. 무심한 행동과 딱 한 글자. 그것이 남자들의 화해법 아닌가, 하는 생각이 들더군요.

학교에서는 어떠냐고요?

오늘도 제 눈이 닿지 못한 곳에서 티격태격 싸움이 벌어졌습니다. 두 아이를 불러 세워 왜 화가 났는지, 무엇이 서운했는지, 자기가 잘못한 점이 무엇인지 말하라고 한 뒤 화해를 시켜봅니다.

아이들은 꼭 화해할 때 손을 뻗어 친구의 배를 쓸어내립니다.

"내가 먼저 선빵 날려서 미안해."

"앞으로는 선빵 날리지 말아줘. 나도 같이 때려서 미안해."

"그래 너도 조심해줘."

못살아. 도대체 선빵이라는 말은 어디서 배운 거니.

함께 하는 이야기

아이들은 사과할 때 마치 매뉴얼대로 이야기를 주고받습니다. 놀려서 미안해. 괜찮아. 사실은 괜찮지도 않으면서 말이에요. 그래서 저는 아이들에게 괜찮다는 말은 정말 마음이 괜찮아졌을 때 하는 것이라고 말해줍니다. 대신 네가 친구에게 바라는 이야기를 해주라고 하지요. 앞으로는 놀리지 않았으면 좋겠어라고 말이에요. 어릴 때부터 아이들이 화해할 때 솔직한 감정을 말하고 드러낼 수 있도록 도와주세요.

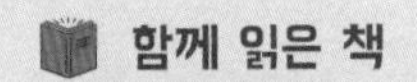

함께 읽은 책

짝꿍

싸움으로 얼룩 범벅이 된 표지가 인상적입니다. 뒤표지를 열어 쭉 펼치면 짝꿍과 손이 주먹으로 연결되어 있지요. 미안한 마음을 잘 전하지 못하는 이 아이의 속마음을 편지로 써보는 활동을 해도 좋습니다. 자신의 이야기를 솔직하게 잘 전달할 수 있어야 하니까요.

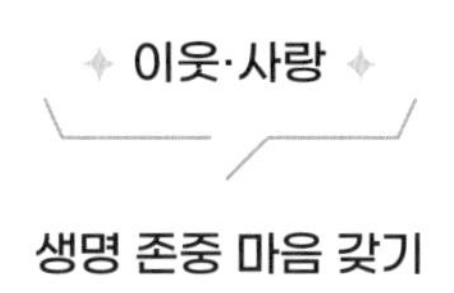

생명 존중 마음 갖기

우린 가족이야

요즘 산책을 하다 보면 반려견과 함께 산책을 나온 사람들을 많이 볼 수 있습니다. 길게 늘어뜨린 목줄을 손에 쥐고 함께 걷기도 뛰기도 하며, 아기 띠 마냥 강아지를 돌돌 감싸 배에 안아 올리고 산책을 즐기시는 분들도 보이고요.

가끔은 혼란스럽습니다. 산책길에 아장아장 걷는 아이. 유모차에서 곤히 잠든 아이. 깔깔 웃으며 뛰어다니는 아이들의 모습보다 꼬리를 흔들며 성큼 대는 반려견들이 더 자주 보일 때가 많아서입니다. 혹시 아이들의 자리를 반려동물이 채우고 있는 것은 아닐까. 비혼과 1인 가구. 그로 인해 채워지지 않는 여러 가지 감정들을 반려동물에게서 찾고 있지는 않은가라는 생각 말입니다. 왜 결혼과 출산보다 반려견을 선택하는 것일까요? 상처를 주고받는 사람들보다는 어쩜 상처를 치유해주는 존재가 반려동물인지도 모르겠습니다. 그렇게 반려동물은 우리들에게 가족 이상의 큰 의미가 되어가고 있나 봅니다.

이런저런 답을 알 수 없는 생각을 안고 산책을 하다 유모차에 탄 반려견을 보게 되었습니다. 그러다 또 생각합니다. 개가 유모차에 타야 좋을까? 사람도 운동이 필요하듯 함께 걸어야 좋지 않을까? 그런 이야기를 딸아이가 듣고는 모르는 소리 한다고 한마디를 하더군요. 소형견들은 운동량이 많지 않아 오래 걸으면 힘들어한다고 말이지요. 그렇군요. 역시 강아지를 키우려면 많은 공부가 필요할 것 같습니다.

어떤 형태로든 마음을 나누는 반려동물과 따스한 햇살을 함께 맞고 싶었겠지요. 그렇게 가족이 되어 함께 생활하는 삶은 어떨까. 저도 가끔 상상해 보곤 합니다. 사실 이별이 두려워 반려동물을 생각지 못하고 있기 때문입니다.

반려동물은 단순히 나의 외로운 시간을 달래 주는 존재가 아닙니다. 생명에는 책임이 뒤따릅니다. 귀엽고 예쁜 어린 강아지에서 성견이 되고, 또 시간이 흘러 노견이 되어 늙고 병들더라도 끝까지 함께 할 수 있는 책임말입니다.

아이들에게 생명 존중의 이야기와 그런 책임을 가르치고 싶어 박정섭의 『검은 강아지』를 펼쳤습니다. 처음 이 책을 만난 날, 반전이 주는 임팩

트에 얼마나 가슴이 아렸는지 모릅니다.

내용은 이렇습니다. 하얀 강아지가 길가에 버려지고 세월이 흘러 흘러 꼬질꼬질한 검은 강아지가 되고 맙니다. 그렇게 외로운 시간을 버티고 버티다 자기와 꼭 닮은 하얀 털의 친구를 만나 적적한 마음을 나누고 함께 겨울을 보내게 되는데요. 주인을 기다리다 지친 검은 강아지와 하얀 강아지는 눈이 많이 오는 겨울날 결국 긴 잠에 빠져들고 맙니다. 그 두 강아지는 그렇게 별이 되는 내용인데요. 잠이 든 강아지 옆, 그동안 마음을 나눴던 자리에는 친구였던 하얀 강아지가 아닌 다른 것이 놓여 있습니다. 저는 이 장면에서 눈물이 터지고야 말았습니다.

아이들과 마지막 장면을 마주했을 때 말없이 가만히 그림을 살폈습니다. 글이 없는 장면에서 아이들이 내용을 파악해야 하니까요. 그리고는 뒤늦게 놀라며 입을 틀어막습니다. 다시 처음부터 읽어달라고 난리입니다. '얼마나 외로웠으면' 이라는 마음에 가슴이 아립니다.

아이들은 서로 질문하며 그림책을 깊이 읽기 시작했습니다.

"그런데 왜 이쪽에는 하얀 강아지 모습이야?"
"왜 그럴까?"
"원래 하얀색이었잖아. 그러니까 그렇지."
"옛날 하얀색 때로 돌아가고 싶어서 그런 거 아닐까?"
"너무 불쌍하다."

장난꾸러기 아이들도 읽는 내내 한 장면 한 장면에 집중했습니다. 그렇게 책을 덮고도 먹먹한 여운이 이어졌고, 무거운 감정에서 쉽게 빠져나오지 못하는 울림을 가진 책이었습니다. 그런 아이들의 마음을 딕싯 카드를 통해 살펴보았습니다.

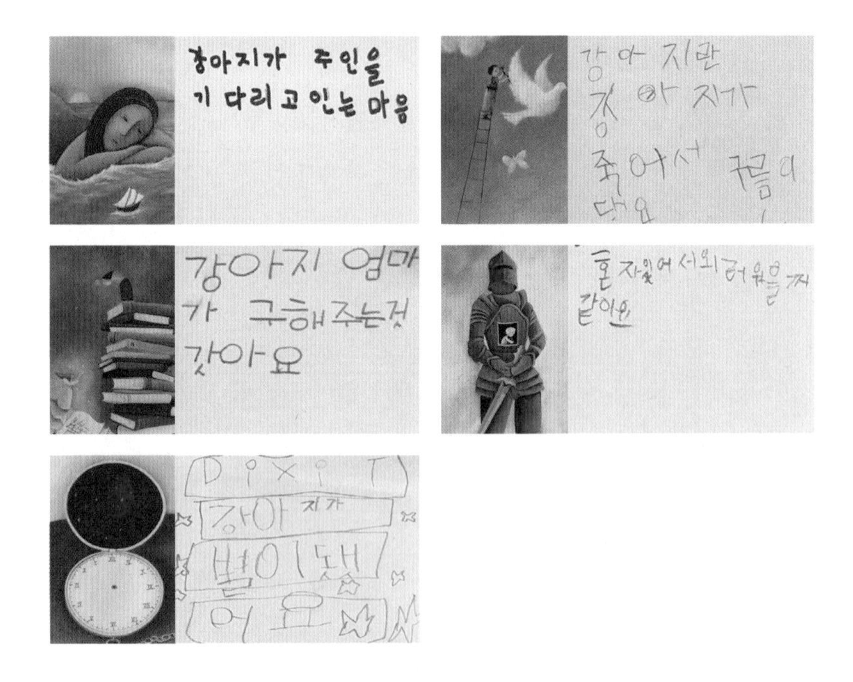

"얘들아, 선생님도 마음이 너무 무거워. 시간을 되돌리고 싶은 만큼 말이야. 검은 강아지에게 선물을 해주는 어떨까? 행복한 순간을 말이야."

검은 강아지에게 가족을 선물해 보세요. 선물 받은 가족과 행복한 순간을 그려주세요.
같이 살자
강아지가
혼자있으면

외롭게 버려진 강아지에게 같이 살자고 말해주는 내용입니다.
상상만 해도 행복했을 것 같네요.

어쩜 강아지에게는 가족보다 친구가 필요했을지도 모릅니다.
거울 속 자신의 모습이 아닌 진짜 마음을 나눌 수 있는 친구 말이에요.

검은 강아지에게 가족을 선물해 보세요. 선물 받은 가족과 행복한 순간을 그려주세요.
더러운몸을시서서 깨끗하개해줄거예요
샤워를하고 있서요 깨끗하개해 줄가족이 이스면좋개 에요친구까지 만들어주세요

버려진 세월 탓에 꼬질꼬질 검게 변한 강아지를 씻어 주고 싶었나 봅니다.

검은 강아지에게 가족을 선물해 보세요. 선물 받은 가족과 행복한 순간을 그려주세요.

가족을 사람으로만 생각했습니다. 참 어리석은 생각이었죠.
오늘도 아이에게 하나 배워갑니다. 맞습니다.
검은 강아지에게 정말 필요한 가족은 사람이 아니라 강아지의 엄마 아빠겠지요.

이렇게 버려진 강아지의 마음을 충분히 알아봤습니다. 그럼 아이들에게 무엇을 가르치고 싶었는지 다시 돌아가야 합니다. 검은 강아지가 우리에게 어떤 당부를 하고 싶은지, 어떤 사람이 되어주길 바라는지 다짐하는 시간을 가지며 수업을 마무리했습니다.

"애들아. 검은 강아지 입장이 되어서 너희들에게 부탁하는 말이 무엇인지 생각해보자. 마지막으로 어떤 말을 하고 싶었는지, 또 너희들은 어떤 사람이 되어주었으면 좋겠는지. 아니면 그림책을 읽고 느꼈던 너희들의 다짐을 써도 좋아요."

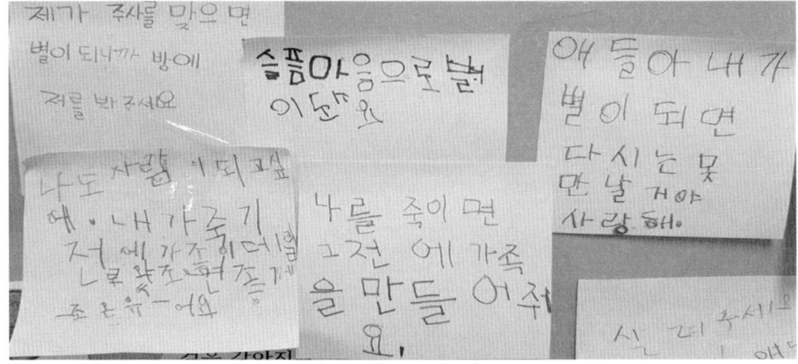

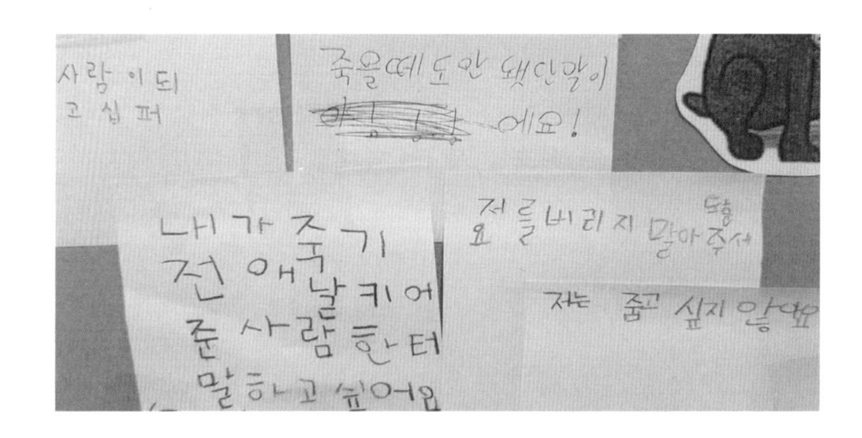

오늘 수업을 통해 아이들이 생명의 소중함과 책임을 배우고 가슴에 품었으면 좋겠습니다.

함께 읽은 책

검은 강아지

아이들과 함께 나눌 이야깃거리가 많은 그림책입니다. 그림책을 읽고 유기견 문제와 관련된 다른 자료들, 영상들을 찾아보며 사회적 문제에 좀 더 깊이 있게 들어가 보세요. 생명을 존중하는 마음이 길러질 수 있도록 말이에요.

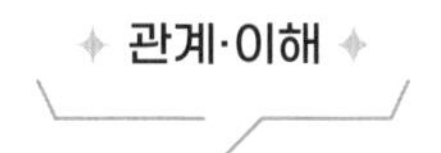

사이좋은 관계를 위한 말의 중요성 알기

가시 돋친 말

쉬는 시간 유진이가 시무룩한 표정으로 찾아옵니다.

"선생님. 지애가 저랑 안 놀고 싶대요."

유진이의 마음을 달래 주려고 입을 떼려는 순간, 갑자기 멀리 있던 지석이가 소리치며 달려와 끼어듭니다.

"선생님. 박재성이요. 내가 안 그랬는데요. 자꾸 그랬다고 하면서요."

그 뒤로 재성이가 나타나 소리칩니다.

"니가 그랬잖아. 내가 봤으니까 그렇지."

"내가 언제? 자꾸 거짓말할래?"

"아까. 니가 계단 뛰는 거 내가 봤는데 니가 거짓말쟁이겠지! 그리고 너는 나 흰 떠라고도 놀렸잖아."

제 눈앞에서 둘은 고래고래 소리를 지르며 싸움을 시작합니다. 제 목소리는 귀에 들어가지도 않습니다. 어쩜 좋습니까. 할 수 없이 저는 두 아이의 어깨를 잡고 제 쪽으로 몸을 돌렸습니다. 서로 화난 이야기보다 자신의 잘못된 행동을 스스로 생각해보게 하며 겨우 진정을 시키고 자리에 앉혔습니다.

요즘 부쩍 친구와 놀고 싶지 않다고 이야기한 다거나, 친구를 이유 없이 놀린다거나, 기분 나쁜 마음을 담아두고 있다가 그 친구를 모함하기도 하며 아이들은 서로에게 상처를 주고 있었습니다. 그런 아이들을 돕고 싶어 권자경의 『가시 소년』이라는 그림책을 함께 읽었습니다.

가시투성이의 아이. 처음에는 가장 무섭고 센 가시로 아무도 자신을 건드리지 못하게 하고 싶어 했지만 결국, 그로 인한 외로움에 후회하고 말지요. 아이들과 함께 읽으며 가시 소년처럼 드러나진 않지만, 누구나 가시를 품고 있다는 내용에 공감하며 자신이 품고 있는 가시를 그림자로 표현해보는 활동을 했습니다.

가시가 돋친 그림자를 그린 후 그동안 자신도 모르게 내뱉어 왔던 가시 돋친 말들을 썼습니다. 친구에게 가족에게 모든 이들을 생각하며 말이에요.

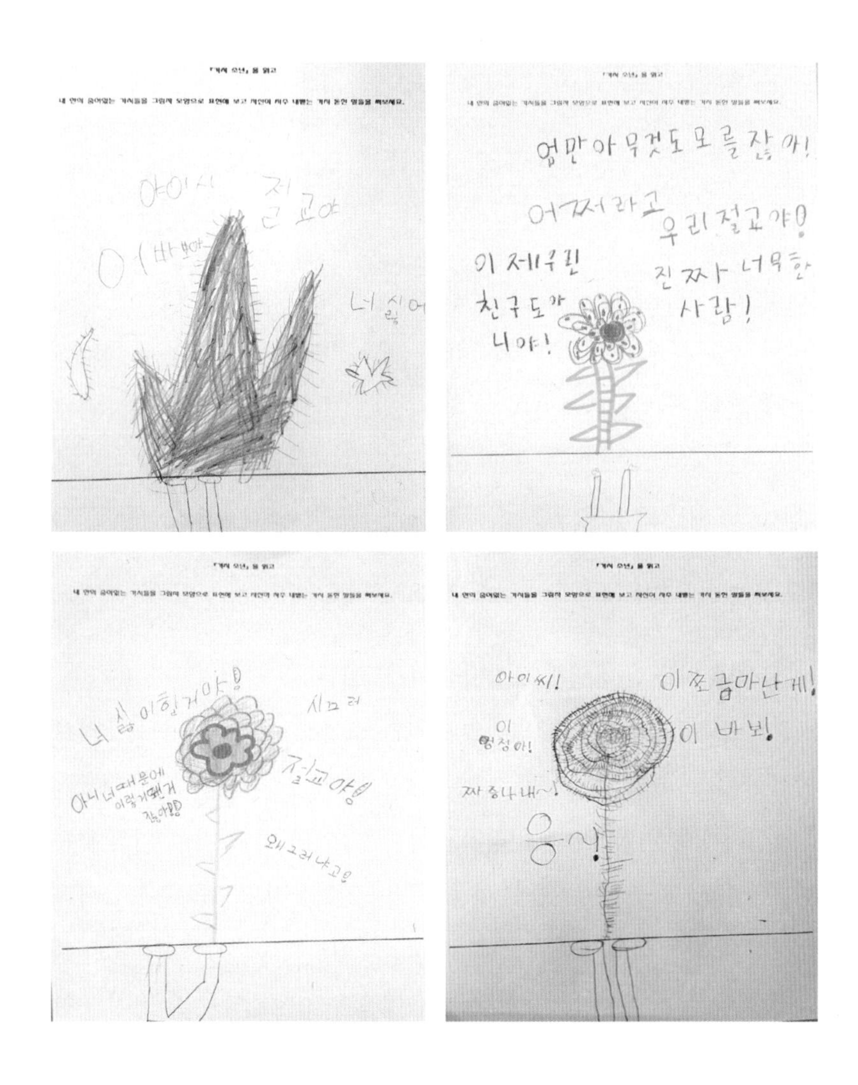

그렇게 뾰족한 말들을 담은 학습지를 꼬깃꼬깃 접어서 내 안의 가시들을 교실 앞 작은 쓰레기통에 버리자고 했습니다.

그랬더니 꾹꾹 발로 눌리기도 하고 쫙쫙 종이를 찢기도 합니다. 그렇게 가시 돋친 말들은 쓰레기통으로 들어갔습니다.

“선생님. 저는 안 버릴래요. 집에 가져갈래요.”

평소 조용하고 너무나 모범적인 윤서가 제 옆으로 와서 작은 목소리로 말합니다.

열심히 활동한 작품이라 버리기가 아까운 모양입니다. 아니. 어쩜 활동한 작품을 찢고 구기는 활동에 마음이 편치 않았을지도 모릅니다. 윤서의 성격상 한 번도 해보지 못했을 테니까요.

“윤서야. 이건 작품이 아니야. 네 마음에 있는 가시들이야. 오늘 저기 친구들이랑 같이 버리면 이제 네 마음에 있는 가시들도 사라지는 거야. 그래도 버리기 싫어?”

“그래. 윤서야. 버려. 버려도 돼. 우리처럼 해 봐.”

신이 나서 구기고 찢으며 친구들이 보태어 말합니다.

그제야 윤서는 가방 속에서 학습지를 꺼내와 두 손으로 꾹꾹 종이를 구겨 쓰레기통에 넣습니다. 그러고는 후련한 듯 웃는 얼굴로 친구들과 마주했습니다.

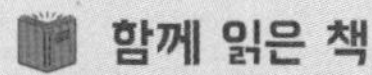

함께 읽은 책

가시 소년

친구들에게 날카롭게 말하는 아이들이 종종 있습니다. 누구나 자신을 지키기 위해 가시를 품고 있지만, 상대를 아프게 하면 안 되겠지요. 아이들과 자신 안에 있는 가시에 대해 이야기해 볼 수 있는 그림책입니다. 하얀 종이에 내 안의 가시들을 적어 보고 구기며 부정적 감정을 해소하는 활동을 해보세요.

의사소통

고전의 맛을 느끼며 도란도란 이야기 나누기

낯선 옛이야기들

어릴 적, 친구들과 저의 독서록에는 선녀와 나무꾼, 콩쥐 팥쥐 등의 닳고 닳은 옛이야기들로 가득했었습니다. 그도 그럴 것이 새로운 책을 접할 도서관이 가까운 것도 아니었고 집 안 책꽂이에 늘 꽂혀있는 책이라고는 전래동화와 명작동화 전집이 고작이었으니까요.

하지만 요즘 아이들에게는 오히려 옛이야기들이 낯설기만 한가 봅니다. 훌륭한 창작 동화들이 많이 나와서인지 유명 작가의 그림책과 동화책은 잘 알고 있으면서도 전래동화 이야기에는 눈이 휘둥그레집니다. 당연히 알 것이라고 생각한 이야기들도 처음 듣는다는 표정으로 저를 쳐다보거든요. 잠이 들지 않던 늦은 밤 엄마가 들려주던 이야기, TV 속 은비 까비와 배추 도사, 무 도사가 들려주던 흔하고 흔한 이야기가 아이들에게는 새롭고 흥미롭게 느껴지나 봅니다. 요즘 시대의 변화라고는 생각하지만 왠지 옛이야기가 잊혀가는 것 같은 느낌이 조금 서운하기도 합니다.

그리하여 교과서에 잠시 등장하는 옛이야기의 주인공이 나타나면 저는 할 수 없이 이야기보따리를 풀어냅니다. 화려한 동영상 화면도 없이 그저 입으로 술술 풀어내는 이야기지만 아이들은 눈을 반짝이며 집중합니다. 역시 고전은 힘이 셉니다. 이야기가 끝이 나면 다른 이야기를 또 들려달라고 조르기도 하고 집에 그 책이 있다며 가져오겠다는 친구들도 보입니다.

내일이면 책상 위에 책들이 하나둘 쌓이겠지요.

에고, 며칠은 전래동화 읽어주느라 목이 좀 아프겠습니다.

 함께 읽은 책

잠들기 전 엄마 아빠가 들려주는 한국 전래 동화

아이와 잠자리 독서를 하시나요? 저도 항상 잠들기 전 아이에게 두세 권의 그림책을 읽어주곤 하였지요. 고전과 명작, 창작동화를 넘나들면서요. 습관이 된 다 큰 아들은 지금도 자기 전 고전을 읽어주는 라디오를 듣다 잠이 들곤 한답니다. 잠자리 독서 시간, 가끔은 잊혀져가는 옛 이야기들도 들려주시는 건 어떠세요.

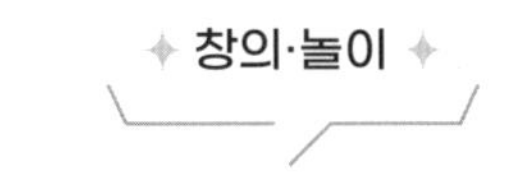

함께 하는 전통 놀이의 즐거움 알기

역시는 역시

우리나라 전통 놀이, 아름다운 우리 그릇, 조상의 지혜가 담긴 집, 알록달록 우리 문양, 색이 고운 한복 등을 배우며 우리나라에 대해 공부하던 중입니다. 첫 주제인 우리나라 전통 놀이를 배우는 시간. 아이들은 들뜨고 또 들뜹니다. 역시 놀이만큼 열광하는 수업은 없으니까요.

전통 놀이를 자세히 알려주는 남성훈의 『어깨동무 내 동무』를 함께 펼쳤습니다. 옛 골목의 풍경과 함께 저희의 어린 시절의 모습이 펼쳐집니다. 말타기, 다방구, 고무줄놀이 이야기를 들으며 아이들은 무척 흥미로워합니다. 그도 그럴 것이 요즘은 혼자 하는 컴퓨터 게임에 익숙한 데다, 코로나 상황으로 인해 친구들과 더더욱 어울려 놀지 못하기 때문입니다.

그림책을 다 읽은 후 우리가 함께할 놀이 몇 가지를 설명한 후 함께 놀이를 즐겼습니다. 한 시간이 지나도 교실로 들어가고 싶어 하질 않습니다. 계속 계속 놀이를 더 하고 싶다고 말이지요. 간단한 놀이들이 이리도 즐겁다니.

가정에서도 아이들에게 전통 놀이를 가르쳐주세요. 이면지나 우유갑을 활용해 딱지를 접어주시고, 납작한 나무 블록으로 망 까기부터 도둑 발, 오줌싸개, 떡장수까지 단계별로 즐기는 비사치기 방법도 알려주세요. 사방치기 매트를 활용하여 아이와 함께 깨끔발 놀이도 해보시고요. 요즘 검색만 하면 놀이 도구도 쉽게 구할 수 있을뿐더러 놀이 방법까지 영상으로 친절히 설명되어 나온답니다.

놀이 도구를 만지고 활용하는 활동들은 아이들의 발달에 반드시 필요한 자극이며 놀이를 통해 소통하는 또래와의 유의미한 대화들이 결국 아이의 지능에도 영향을 끼친다는 말이 있습니다. 일방적으로 송출되기만 하는 TV와 스마트 기기에서 벗어나 친구들과 웃고 땀 흘리는 시간을 더 많이 가질 수 있도록 해주세요.

그나저나, 아이들은 아이들입니다. 열심히 놀이를 배우고 이제는 전통 음식을 배우는 시간. 삼계탕, 불고기, 잡채 등 우리나라 전통 음식에 대해 실컷 알아보고는 자신이 가장 좋아하는 한식 쓰기에는 고집을 담아냅니다.

내가 가장 좋아하는 한식은?
(골드킹콤보)

역시 K-FOOD는 치킨인가 봅니다. 저도 맛을 한 번 봐야지. 안 되겠습니다. 오늘 저녁 메뉴는 너로 결정했다. 너어~

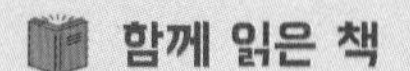

어깨동무 내 동무

옛날 어릴 적의 골목 풍경을 담고 있습니다. 즐겨 하던 여러 가지 놀이로 이야기가 이어지고 뒤 면지에는 전통 놀이 설명이 덧붙여져 읽을거리가 풍성하지요. 아이들과 하나씩 놀이를 함께 즐겨보세요.

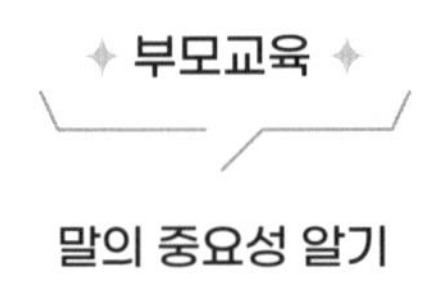

말의 중요성 알기

로꾸꺼 로꾸꺼

가끔 전 거꾸로 행동하며 감정을 속일 때가 있습니다. 옛말은 틀린 것이 하나 없더군요. 미운 놈 떡 하나 더 준다고. 전쟁 같은 육아를 하면서 터득한 방법이기도 합니다.

하루 종일 교실을 종횡무진하고 저를 끝없는 딜레마에 빠뜨렸던 아이. 힘들고 지쳐 밉다는 생각이 들 때면, 그저 한번 안아보자고 합니다. 그렇게 작은 아이를 품에 안으면 나를 괴롭히면 감정들이 가라앉았거든요. 그나마 작은 품도 쉽게 내어주지 않는 날에는 "안아보자", "선생님, 한 번 안아 줘"라는 제 말이 아이 마음에 들어가길 바라면서요. 그렇게 끊임없이 사랑을 전하고자 했습니다.

집에서 같이 살고 있는 한 남자는 저를 보살이라고 칭합니다. 어떻게 그게 가능하냐고요. 하지만 어쩔 수가 없습니다. 몇 번 야단을 친 날에는 저에게 받았던 부정적인 감정이 친구들에게 전달되었고 아직 어린아이들이라 그런 날카로운 말과 행동을 무던히 이해하고 받아들이지 못해 다툼이 잦았기 때문입니다. 그런 날의 교실은 모두가 뾰족한 상태가 되었기에 저부터 부드럽게 행동할 수밖에 없었거든요.

그렇게 거꾸로 행동하다 보면 정말 감정도 속일 수 있습니다. 웃으면 행복한 게 아니라 웃어서 행복하다는 말도 있잖아요.

요즘 아이들을 대할 때 도움을 받고 있는 그림책이 있습니다. 바로 오나리 유코의 『말의 형태』입니다. 특히 이 그림책 중 가슴에 담고 있는 장면은 바로 상처 주는 말의 형태입니다. 상처 주는 말이 못처럼 생겼다면, 말할 때마다 날아간 뾰족한 못이 상대를 아프게 상처 낼 거라는 장면이지요.

사실 이 장면이 마음에 와닿는 또 다른 이유도 있습니다. 오래전 아이가 어릴 적, 육아에 지쳐 무심히 틀어보던 부모 교육 채널에서 들은 말을 떠오르게 해주었거든요. 정확히는 기억나지 않지만 제가 가슴에 품고 있는 내용은 이렇습니다.

사람은 화가 나면 누군가에게 화풀이 대상을 찾아 자신의 화를 쏟아낸다고 합니다. 상대의 화를 받았을 때 어떠셨나요? 황당하고 힘들고 아팠지요? 갑자기 가슴이 부글부글 끓어오르고 터질 것 같기도 합니다. 하지만 그런 화를 직장 상사에게는 (거의) 못 낸다는 겁니다. 동료에게도 불편한 감정을 숨기고요. 자신의 화를 가장 쉽게 드러내고 쏟아내는 대상은 바로 가족이며, 그중에서도 자식이라고 합니다. 특히 육아를 하는 어머니들이 아이에게 가장 화를 잘 낸다는 것이지요. 내가 가장 아끼고 사랑해야 하는 존재에게 화를 내는 순간, 전해져 오는 화를 받아내는 당사자는 세상에서 가장 작고 여린 아이라는 사실이며. 어른인 당신이 감당하기 힘든 상대의 화를 아이가 감당할 수 있겠냐는 내용이었습니다.

그 이야기를 듣는 순간, 눈물이 쏟아졌습니다. 방금까지도 지친 몸과 마음을 아이에게 짜증으로 답하고 있었으니까요. 그동안 너무 쉽게 짜증을 내고 화를 내고 있는 자신을 발견하고 말았습니다. 나와 싸울 힘도 없어 대들지도 못하고, 그저 엄마만 보면 웃는다는 이유로 이 작고 여린 아이에게 감정적 학대를 하고 있었다는 것을 깨닫는 순간이었습니다. 저도 아이를 키우는 건 처음이라 서툴고 또 서툰 모습이었습니다. 스스로 위로하며 그 후로는 아이의 감정에 좀 더 집중하기 시작했습니다.

사람은 감정적 동물이라 흔들리고 실수를 할 때도 있겠지요. 하지만 고치기 위해 노력하는 것과 그렇지 못한 것은 결국 차이가 있을 겁니다. 더 나은 사람이 되기 위해 오늘도 노력하렵니다. 로꾸꺼 로꾸꺼 팅이화!!!

함께 읽은 책

말의 형태

말의 여러 가지 형태를 상상하며 그려낸 책입니다. 예쁜 말, 속상한 말의 형태를 눈으로 볼 수 있게 가시화시켜 좀 더 말의 중요성을 알 수 있게 도와주지요. 물론 아이들과 함께 읽으면 더욱 좋겠지만 부모님께서 읽으시고 아이에게 어떻게 말하고 행동해야 할지 생각해보는 시간이 되시길 바랍니다.

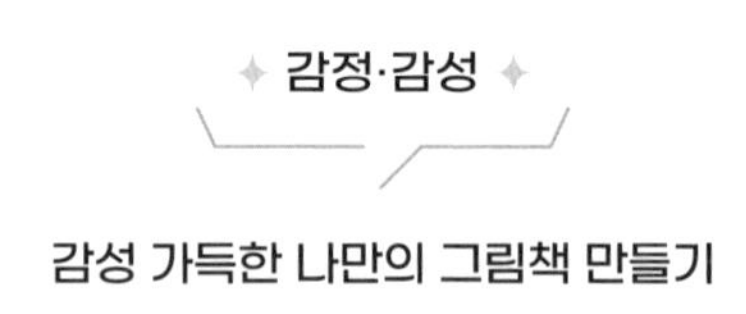

감정·감성
감성 가득한 나만의 그림책 만들기

꼬마 작가 탄생

마음이 따뜻한 책을 한 권 더 소개하겠습니다. 양양의 『계절의 냄새』라는 책입니다. 봄, 여름, 가을, 겨울. 아이가 계절에서 느꼈던 냄새를 모아 아빠에게 들려주는 내용이지요. 읽는 내내 가슴이 몽글몽글해집니다.

아이들은 계절마다 어떤 냄새를 모으고 싶어 할까요? 갑자기 각자의 계절의 냄새를 담은 그림책을 만들어보고 싶었습니다. 인생 첫 그림책이 되겠지요. 이왕이면 좀 더 그럴싸하게 만들어야겠다는 생각으로 스크랩북을 준비한 후, 한 문장 한 문장 정성을 다하고, 그림도 그려주며 마스킹 테이프와 예쁜 스티커를 이용해 꾸미기도 했습니다.

먼저, 학습지를 이용해 우리가 담고 싶은 계절의 냄새를 고민하며 적었습니다.

"얘들아, 모으고 싶은 봄의 냄새가 꽃 냄새, 새싹 냄새라면 그냥 꽃 냄새, 새싹 냄새라고 쓰는 것보다는 향기로운 꽃 냄새, 파릇파릇 새싹 냄새. 이렇게 꾸며주는 말이 앞에 들어가면 더 이쁜 문장이 되는 거야. 좀 더 풍성하고 이쁜 문장을 쓰려면 따듯한 햇빛 아래 향기로운 꽃 냄새, 내 발걸음 끝의 싱그럽고 아름다운 새싹 냄새. 이렇게 자세한 상황을 더해주면 좋아요. 우리 인생의 첫 번째 그림책인데 곰곰이 생각하고 고민해서 가장 예쁜 문장으로 우리가 담고 싶은 계절의 냄새를 모아보는 거야."

그렇게 아이들이 써 온 문장을 확인하고, 맞춤법을 고쳐주며 다듬어 갔습니다. 생각이 잘 나지 않는다는 친구들을 위해 먼저 완성한 친구들의 문장들을 참고로 읽어주기도 하고, 계절마다 모으기로 한 냄새를 서너 개보다 개수를 줄여주기도 했습니다.

결과는 기대 이상입니다. 아이들만의 감성으로 계절의 냄새들을 예쁜 문장으로 담아 왔으니까요. 읽으면서 '이런 생각을 한다고?' 라며 또 흥분하기 시작했습니다. 아무래도 예비 작가들이 저희 반에 다 모여 있는 것만 같습니다. 원작보다 더 가슴이 몽글몽글해지고 읽는 맛이 절로 납니다.

계절의 냄새

봄의 냄새	여름의 냄새
1산뜻한 바람에 시원한 냄새 2뛰어노는 친구들 사이에 나의 외로운 냄새 3처음느꺼보는 8살의 냄새 4친구들과 같이 노는 나의 냄새	1여름에 듀브타고 놀던 시원한 바다의 냄새 2전학온 나의 친구들 냄새 3시원하고 맛있는 팥빙수의 냄새
가을의 냄새	**겨울의 냄새**
1가을에 향기로운 단풍의 냄새 2나뭇잎이 떨어지는 냄새 3추운 겨울이 오는 냄새	1추운 날 이불속에 누워서 귤 먹는 냄새 2춥고 재밌는 겨울방학의 냄새 3추운 겨울이 지나 봄이 오는 냄새

계절의 냄새

봄의 냄새	여름의 냄새
처음보는 반에 친구들 냄새, 혼자 집에 가는 용기의 냄새, 향긋한 꽃 냄새, 달콤한 딸기 냄새	시원한 계곡 냄새, 더위를 싹 날려주는 아이스크림 냄새 맴맴 매미의 냄새 과일들의 냄새, 슬픈 현충일 냄새
가을의 냄새	**겨울의 냄새**
[illegible]에서 추수하는 냄새, 지독한 은행 냄새. 시원한 바람 냄새, 가을 나들이 냄새,	[illegible] 어빵 냄새 따끈한 난로 냄새 패딩의 손 넣은 냄새 기다리는 크리스마스 냄새

봄의 냄새

처음 느껴보는 여덟 살의 냄새

뛰어노는 친구들 사이에 나의 외로운 냄새

혼자 집으로 가는 용기의 냄새

학교의 모든 게 낯선 봄 냄새

입학하기 전 엄마와 걸어보는 학교길 냄새

새로운 선생님의 냄새

미소 지은 새 친구의 냄새

달콤한 딸기 냄새

냄새가 없어질까 아까운 엄마 냄새

살랑살랑 날리는 벚꽃 냄새

예쁜 선생님의 냄새

여름의 냄새

여름 튜브 타고 놀던 시원한 바다 냄새

전학 온 나의 친구들 냄새

덥고 찐득찐득한 여름 길 냄새

슬픈 현충일의 냄새

모기 물집 냄새

마음을 편안하게 해주는 푸른 나뭇잎 냄새

아이스크림이 녹는 냄새

바다의 짠 냄새

뜨거운 태양의 냄새

찐득한 땀 냄새

가을의 냄새

쌀쌀한 바람 냄새

바스락 바스락 낙엽 냄새

아빠와 자전거 타며 느끼는 냄새

지독한 은행 냄새

푸른 솜사탕 같은 구름 냄새

알록달록 고운 단풍잎 냄새

우리 마음의 냄새

팔배개 해주는 엄마의 잠옷 냄새

동물들이 겨울잠을 준비하는 냄새

내 생일의 냄새

겨울의 냄새

기다리는 크리스마스의 냄새

여름 물놀이 사진을 보며 그리는 냄새

따뜻한 엄마 이불 냄새

엄마가 깎아 주는 군밤 냄새

춥고 재미있는 겨울 방학 냄새

추운 겨울이 지나 봄이 오는 냄새

설탕처럼 달콤한 눈 냄새

따뜻한 외투 냄새

한 살 더 먹는 설날의 냄새

선물 주는 산타할아버지 냄새

이제 준비가 끝났으니 책을 만들 차례입니다. 준비된 스크랩북에 옮겨 쓰고 예쁘게 꾸미기 시작했어요. 페이지마다 계절을 나누었습니다. 구분을 위해 제가 준비한 "○○계절에는 어떤 냄새를 모았니? ○○계절의 냄새야"라는 두 문장을 페이지마다 처음과 끝에 오려 붙였습니다. 그 후 아이들은 계절마다 모은 냄새를 채우기 시작했지요. 완성한 아이들의 그림책

봄에는 어떤 냄새를 모았니?
봄의 냄새야.
봄에는 어떤 냄새를 모았니?
봄의 냄새야.

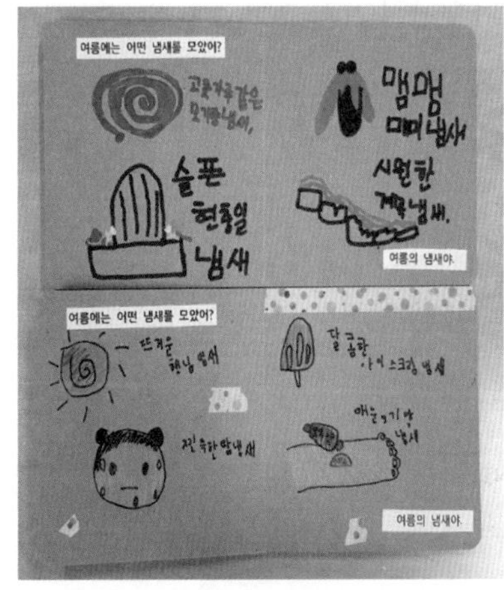

여름에는 어떤 냄새를 모았어?
여름의 냄새야.
여름에는 어떤 냄새를 모았어?
여름의 냄새야.

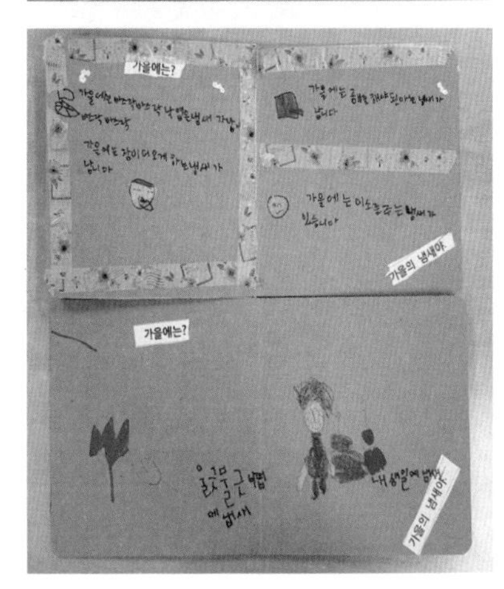

가을에는?
가을의 냄새야.
가을에는?
가을의 냄새야.

이제 겨울 냄새만 남았구나!
겨울의 냄새야.
이제 겨울 냄새만 남았구나!
겨울의 냄새야.

을 소개하겠습니다.

실수하지 않으려고 꼼꼼하게 다시 보고, 한 글자 한 글자 정성 들여 옮겨 쓰며 애지중지 첫 번째 그림책은 그렇게 자신만의 보물이 되어가고 있었습니다.

너희들 안에는 또 어떤 보물들이 숨어져 있니? 이번 활동에서는 미처 몰랐던 아이들 안에 숨어있던 '문학적 표현력'이라는 보물을 발견한 것 같습니다. 1년 동안 하나씩 하나씩 아이들 안에 있던 보물을 발견할 때마다 너무 설렙니다. 힘들고 지쳐도 이 맛에 제가 학교를 못 떠나나 봅니다.

함께 읽은 책

계절의 냄새

네 가지 계절의 냄새를 모아 들려주는 이야기입니다. 서정적인 그림체와 따듯한 글귀가 조화를 이루며 마음을 몽글몽글 만들어 주지요. 함께 읽은 후 아이들과 계절마다 어떤 냄새를 모으고 싶은지 이야기해보세요.

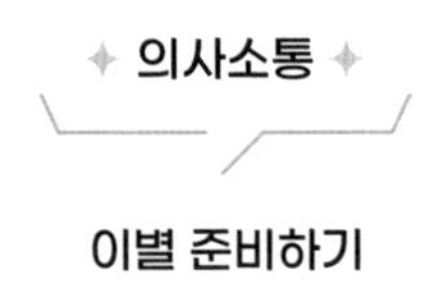

작별의 시간

유난히 올해는 아이들과 헤어질 생각을 하면 서운한 마음이 밀려옵니다. 되돌아보면 올해만큼 힘들고 다사다난했던 해가 없어서였을까요. 작별의 시간이 아쉽기만 합니다. 그래서 '느리게 가는 편지'라는 이름으로 친구들과 마음을 주고받고자 활동을 준비했습니다. 왜 느리게 가는 편지냐고요? 왜냐하면 미리 써 둔 편지들이 방학이 지나고 비로소 우리가 헤어지는 날 서로에게 배달되니까요.

편지를 받지 못해 서운해 하는 친구들을 예방하기 위해 한 사람당 두 명의 친구들을 우선 지정해주었습니다. 그리고 그 친구에게 편지를 쓴 후부터는 자유롭게 다른 친구들에게도 편지를 쓰라고 했지요.

편지는 예쁜 엽서 형태로 만들었습니다. 칭찬·격려, 존중·공감의 메시지가 담긴 마인드 업 카드를 교실 앞에 펼쳐두고 친구에게 해주고 싶은 말을 고르라고 했습니다. 그런 후 8절 도화지를 반으로 접은 크기의 하얀 엽서에 메시지를 예쁘게 옮겨쓰고 꾸민 다음 뒷면에는 진심을 담은 편지를 썼지요.

누가 보내는지 누구에게 쓰는지도 아이들에게 쓰라고 했습니다. 그렇게 쓰인 편지들은 느리게 가는 편지함 속에 차곡차곡 쌓이기 시작했어요.

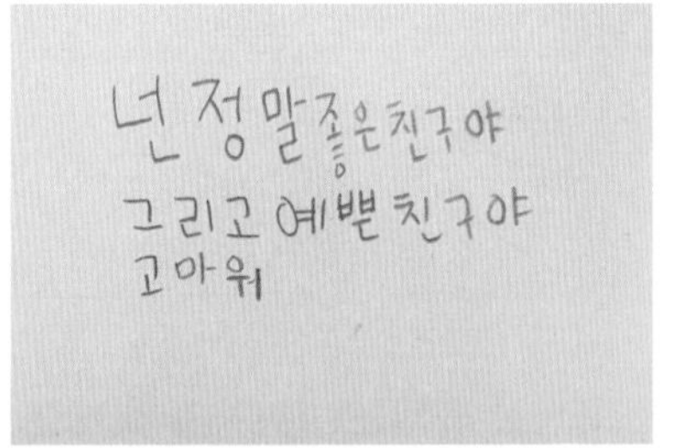

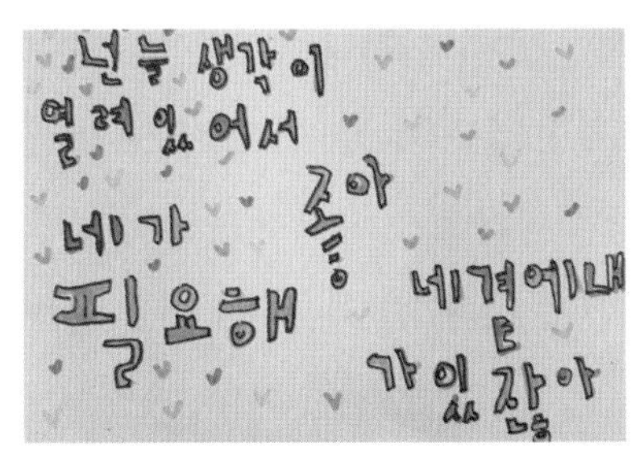

급식소에서 내가 고기 흘렸을 때 닦아 주어서 내가 너를 필요하다고 했어. 너무 좋았어. 7살 때도 같은 반 너무 좋았어. 나를 도와주다니. 귀여워.

안녕? 너한테 왜 앞으로가 기대된다고 했냐면 점점 공부를 잘하는 거 같고 친구들이랑 많이 친한 거 같아. 그리고 너는 똑똑한 사람이 될 거 같아. 다음 학년에도 멋진 형아, 누나가 돼서 만나자. 안녕.

안녕? 니가 너무 사랑스러워서 이 글을 골랐어. 2학년이 되도 힘들어 하지마. 내가 니 곁에 있어줄게. 내가 너를 응원해 줄게. 그럼 안녕~

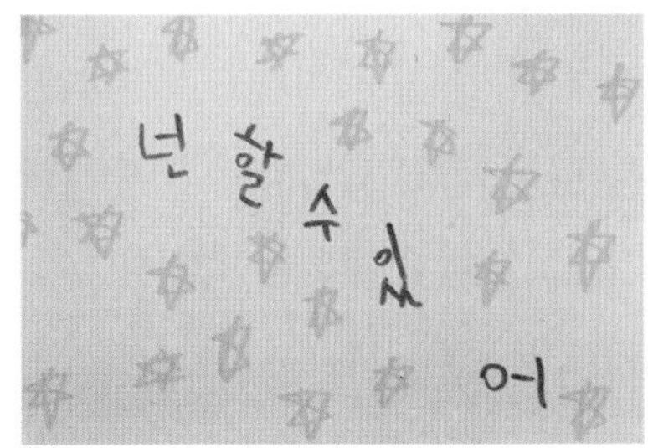

야! 넌 할 수 있어! 나는 너가 할 수 있다고 믿어. 공부든 그림이든 아무거나 말이야. 나는 너가 노력하는 모습이 멋져. 1학년 마무리 2월까지 사이좋게 지내자.

편지쓰기 시간 이후에는 쉬는 시간이나 점심시간을 이용해 마음을 나누고 싶은 친구에게 쓴 편지를 편지함에 계속 넣어갔습니다.

차곡히 쌓여가는 아이들 편지 속에 제 편지도 한 장씩 보태기 시작했습니다. 우리가 헤어지는 날, 제 편지를 받으면 어떤 기분이 들지 상상하면서 말이에요. 아이들에게 편지를 쓰는 일은 정말 첫 담임 때 해보고는 처음이라 괜히 떨리고 설렙니다.

그러다 제 마음을 꼭 담은 달지의 『다시 만날 때』라는 그림책을 만났습니다. 6학년을 마치며 아이들에게 들려주고 싶은 이야기를 초등학교 선생님이 쓴 책이더군요. 매년 새로운 사람을 만나고 또 헤어지고, 그렇게 만남과 이별을 반복하고 삽니다. 그래서인지 2월은 참 마음이 잡히질 않는 시간입니다.

아이들에게 하고 싶은 말들이 모두 담긴 이 그림책을 보며 지나온 시간을 되돌아보게 되더군요. 많은 것을 주고 싶었지만 더 많은 것을 받았고, 세월이 흘러 잊히더라도 괜찮다고 그저 더 큰 행복이 쌓여 선생님은 기억에서 지워지는 것이라고 생각하겠다는 말에 가슴이 먹먹해집니다. 게다가 저는 1학년 담임입니다. 과연 누가 1학년 선생님을 기억하고 살까요. 그래도 괜찮습니다. 함께한 시간이 행복했고 앞으로 더 큰 행복이 아이들에게 쌓일 테니까요.

애들아, 올해 너희들과 함께여서 너무나 즐거웠고 행복했다. 이제는 선생님과 헤어질 시간이야. 수업을 마치고 집으로 돌아갈 때면 제 자리에 서서 매일같이 인사하던 그 말 알지? 시작해볼까?

– 차렷. 경례.
– **사랑합니다!!**
– 나도 사랑해.

안녕…! 애들아! 많이 보고 싶을 거야….

함께 읽은 책

다시 만날 때

매년 아이들을 떠나보내는 선생님들의 마음이 가득 담긴 책입니다. 담임 선생님께서 미처 전하지 못한 말들이 도착했다며 아이들과 함께 읽어주세요. 늘 믿고 사랑하고 함께했던 1년의 시간을 다시 되새겨보시고, 언제나 선생님은 너희들 편일 거라고 꼭 말해주세요. 그리고 세상 무엇보다 아름다웠던 밝은 미소를 잃지 않고 살아가길 바란다고요. 선생님과 아이들의 아름다운 이별을 응원합니다.

마음의 준비

예비 1학년 학부모님께

아이들 입학 통지서 받을 때 기분 생각나시나요? '띵동' 벨소리 이후 열리는 문 앞에서 건네 받은 첫 아이의 입학 통지서. 가슴이 뭉클하고 몽글해지면서 벅차오르는 것이 뭐라 형용할 수 없는 그런 기분이 들었습니다. 입학식 날 담임 선생님께서 학습 준비물을 포함한 안내자료를 나눠 주시지만, 소중한 내 아이 첫 학교생활에 잘 적응할 수 있도록 도움 자료를 드리고자 합니다. 너도 나도 처음인 우리를 응원하면서요.

등굣길 익히기

아침 등교 풍경을 보면 자동차로 학교에 데려다 주시기도 하고, 손을 잡고 함께 걸어 오기도 하지만 아이들은 그 거리를 엄마와의 대화와 시간에 더 집중하고 있습니다. 함께 학교 가는 길을 걸어보며 "이 길을 돌아 이렇게 가는 거야"라고 아이가 스스로 등굣길을 익힐 수 있도록 도와주세요.

학원가는 길 익히기

전학 온 친구의 부모님께서 급하게 전화가 와서 학원 차를 놓쳤으니 미술학원 등원을 부탁한 적이 있습니다. 마침 회의도 없었고 바쁜 업무를 마친 시간이라 아이의 손을 잡고 잠시 외출을 했었는데요. 학원 위치가 학교 정문에서 횡단보도만 건너면 있더군요. 만약 학교 주변의 학원을 다닌다면 그런 상황에 대비하여 학원가는 길도 미리 익혀두면 좋습니다. 담임 교사는 아이들 하교 이후 회의를 비롯하여 다른 업무처리로 바쁜 시간을 보내고 있거든요.

학용품 이름표 붙이기

교실 속 분실물 바구니 안에는 연필, 지우개, 가위 등 각종 학용품들이 산더미처럼 쌓입니다. 그런데 이상하죠. 아무도 주인이 없대요. 분명 우리 반 아이들 말고 이 교실을 이용하는 사람이 없는데 말이지요. 네임 스티커를 이용해 학용품에 이름을 붙이실 때는 통에 하나만 붙이지 마시고 낱개 하나하나에 이름표를 붙여주세요. 가위에도 풀에도 모든 학용품에 이름표 부착을 부탁드립니다.

필통은 부드러운 재질로 준비하기

좁은 책상 위 많은 물건을 올리고 수업을 하다 보니 책상 위 물건이 툭툭 자주 떨어집니다. 철 재질이나 플라스틱 재질로 된 필통은 떨어질 때마다 요란한 소리를 내어 수업에 무척 방해가 된답니다. 그래서 필통은 떨어져도 크게 소리가 나지 않는 부드러운 천 재질이 좋습니다.

화장실 사용 에티켓 익히기

1학년 아이들과 화장실 사용을 함께 하다 보면 무심코 들어간 곳에 물을 내리지 않은 변기를 보고 놀라는 일이 많습니다. 여학생의 경우에는 양

변기에 소변 한 방울이 똑 떨어진 경우도 많고요. 함께 사용하는 공간이기에 소변을 본 후 꼭 휴지로 닦고 물을 내리도록 일러주세요. 그리고 똥 닦는 연습도 필요한 거 아시죠? 가끔 용변 실수로 인해 부모님을 호출한 적이 있습니다. 남학생의 경우에는 제가 속옷을 내리고 씻어 주기가 힘들기도 하거든요. 그렇게 실수한 친구들은 다른 친구들에게 놀림 받을까봐 걱정도 많이 한답니다.

여벌 옷 준비하기

여벌의 옷을 계절마다 사물함에 바꿔가며 준비해주세요. 앞서 언급했던 용변 실수도 있지만 아이들이 급식소에서 음식을 흘린다던지, 옆 사람과 부딪혀 음식물이 묻는다던지, 교실에서 우유를 흘린다던지 옷을 갈아입을 일이 생길 수 있답니다.

방과 후 시간표 붙여주기

1학년 담임 선생님은 아이들 방과 후 시간표를 조사해 시간표를 종합적으로 만듭니다. 그래서인지 어떤 아이들은 매일 매일 학교 끝나면 자기는 이제 어디로 가냐고 물어보기도 하지요. 매일이 다른 일과라 헷갈리나 봅니다. 아이들 시간표를 알림장이나 필통 안쪽에 붙여주면 교실까지 찾아와 물어보는 수고를 덜 수 있답니다. 스스로 일과 시간을 익힐 수 있도록 도와주세요.

안내장 자주 확인하기

입학 초기에는 작성해야 할 안내장이 많기에 아이들이 학교에서 돌아오면 항상 아이들 가방 속을 확인해주세요. 가방 속을 둘러보시면서 안내장을 비롯하여 필통 속의 연필이 깎을 때가 되었는지, 잃어버리고 부족한 학용품이 없는지도 함께 체크해 주세요.

우산 접는 연습해 두기

비오는 날 가장 곤란한 게 우산 접기입니다. 아이들 힘이 부족해서인지, 연습이 안 되어서인지, 우산 접기를 하지 못해 등굣길이 밀리고 밀립니다. 학교 현관 앞에서는 우산 접어주는라 선생님들께서 바쁘시고, 교실 문 앞에서는 우산 묶어주는라 바쁘거든요. 미리 미리 연습해두면 비오는 날도 걱정이 없겠지요.

우유갑 여는 연습하기

아이들이 아직 손의 힘이 부족해서 우유갑을 잘 열지 못하는 경우가 많습니다. 스스로 해보겠다고 도전하다가 쏟는 경우도 많고요. 익숙하지 않지만 스스로 우유갑을 열도록 연습시켜 주세요. 만약 일주일에 한 번 요구르트가 나오는 학교라면 더욱 난감합니다. 사실 우유보다 요구르트 뚜껑을 열다가 흘리는 경우가 더 많거든요. 선생님들께서는 이 작은 사항 하나로도 빨대를 제공해야 할지, 제공했다가 오히려 장난 치는 아이에게 부딪혀 입천장이 찔리는 사고가 나지는 않을지 늘 함께 고민하십니다. 우유갑과 요구르트 뚜껑 열기 꼭 연습 시켜주세요. 소근육 발달에도 도움이 된답니다.

학습 준비물 챙기기

아이들 사물함 속의 모습 어떠실 것 같으세요? 책이 누워있고 가위가 뒹굴고 있고 물티슈는 빠짝 말라서 여기저기 뽑힌 채 널브러져 있습니다. 학교에서 필요한 준비물을 챙기실 때 사물함 속의 작은 물건들과 휴지, 물티슈 등을 정리할 수 있는 정리 바구니도 준비해주세요. 물티슈는 말라 버려 못 쓰는 경우가 많으니 큰 것보다는 작은 것으로 자주 보내주시는 게 좋고요. 휴지는 화장실에서도 사용이 가능한 물에 잘 녹는 형태가 좋습니다. 그리고 교실 정리와 청소를 위해 아이들에 맞춘 작은 빗자루 세트를 준비물에 안내하는 경우가 있는데요. 장난감처럼 너무 작은 것은 곤란합니다. 책상 위 지우개 가루, 바닥의 먼지가 쓸리는지 꼭 확인하시고 적당한 크기로 구입해 주셔야 해요.

마음에 빗금 치지 않기

가정에서 아이들 학습을 도와주실 때 참고해주세요. 문제를 푼 활동지는 몇 개를 맞췄는지가 중요한 게 아니라 잘 모르는 것이 무엇인지 확인하고, 다시 알게 하는 것이 중요합니다. 학습 의욕이 꺾이지 않도록 조심해주세요. 틀린 문제는 빗금보다는 별무늬 혹은 사랑무늬로 체크해주는 것도 좋은 방법입니다. 가정에서도 아이와 즐거운 학습 시간이 되길 응원합니다.

예비 1학년 선생님께

좌충우돌 실수투성이였던 제가 1학년 담임을 맡았던 모습을 떠올리며 선생님들께 작은 도움이 되고자 입학식 준비를 비롯하여 기본적인 준비 사항들을 안내를 드립니다. 너도 나도 처음인 서로를 응원하면서요.

반 편성하기

아이들의 성별, 이름, 생년월일, 쌍생아 그리고 비고란에 기록된 여러 학부모님들의 요구 사항 등을 고려하여 각 반으로 아이들을 고루 배정합니다.

명찰 만들기

아이들의 반과 이름이 적힌 명찰을 각 반별로 다른 색으로 구성하여 미리 만들어둡니다.

각반 안내 팻말 만들기

입학식 날 강당 또는 운동장에 아이들이 각 반에 맞게 줄을 설 수 있도록 반이 안내된 팻말을 만들어 둡니다

L자 파일 준비하기

파일 앞에는 이름표를 미리 인쇄하여 붙여두고, 1년간 가방에 항상 넣고 다닐 수 있도록 추후 지도를 해야 합니다.

안내장 만들기

담임 소개서와 학습 준비물, 일과 운영이 담긴 안내장을 미리 제작하여 입학식 날 배부될 수 있도록 L자 파일 안에 담아둡니다.

삼각 이름표 만들기

교실에 와서 이름을 보고 자기 자리에 찾아 앉을 수 있도록 삼각 이름표를 미리 만들어 책상에 붙여둡니다.

입학식 선물 준비하기

학용품이나 조용히 가지고 놀 수 있는 개인 장난감등 입학 축하 선물을 미리 준비합니다.

교실 꾸미기

우리가 함께 생활할 교실을 풍선 아트를 이용해 환영 문구와 함께 예쁘게 꾸며둡니다.

환영판 만들기 세트

교실 앞문에 게시될 아이들 이름을 쓴 환영판을 제작하여 컬러로 출력한 후 부착합니다.

입학식 안내 자료 만들기

입학식 날 교실에서 안내해야 하는 간략한 내용을 담은 안내자료를 프레젠테이션을 이용해 만들어둡니다.

교실 청소하기

아이들이 처음으로 앉게 될 자리와 처음 열어볼 사물함을 깨끗하게 해두면 좋습니다. 첫 학교를 맞을 때 깨끗한 공간을 선물하세요.

입학식 선물 책상 위에 놓아두기

입학식 선물과 L자 파일, 안내장, 교과서 등은 미리 아이들 책상 위에 올려두고 입학식 날 하나씩 설명하며 가방에 넣을 수 있도록 해주세요.

입학식 날, 돌봄 교실이 운영 체크하기

돌봄 교실은 입학 첫날부터 운영되지 않는 경우가 많습니다. 입학식 날, 돌봄 교실로 가는 친구들을 교실에 남겨둔 채 하교 지도를 했다가 부모님들이 우르르 뛰어와 제게 아이들을 찾았던 기억이 있습니다. 얼마나 진땀을 흘렸던지 시간이 꽤 흐른 지금도 기억이 선합니다.

아이들 방과 후 시간표 만들기

입학식 당일, 아이들의 방과 후 시간표를 학부모님들께 연락받아 스케줄 표를 미리 만들어놓으세요. 아이들이 방과 후 시간표가 익숙해질 때까지 학교에서도 도와줘야 한답니다.

학습 준비물 신청하기

학습 준비물 신청에 서랍 속 정리 바구니를 꼭 신청하세요. 갈비 바구니 2호는 빨간색 플라스틱 바구니로 서랍 안의 반쪽을 차지하는 크기입니다. 자주 사용하는 색연필, 싸인펜, 가위, 풀등을 넣어 정리해두면 좋아요. 한꺼번에 아이들이 준비물을 가지러 사물함 쪽으로 몰리다 보면 사물함 문을 열고 닫을 때 부딪히기도 하는 사고를 예방할 수 있습니다.

하교 지도하기

아이들 하교 지도 시 선생님과 함께 줄을 서서 나간다는 말을 첫날부터 강조해줘야 해요. 그렇지 않으면 말도 없이 먼저 혼자 집으로 가버리는 경우가 있기 때문에 곤란한 상황이 생길 수 있답니다.

고무장갑 준비하기

늘 있는 일은 아닙니다. 하지만 간혹 교실에서 토하는 아이가 있어요. 그럴 때는 고무장갑이 필수입니다. 어떤 두렵고 불편한 상황이 오더라도 고무장갑만 끼면 척척해낼 수가 있어요. 우유를 쏟는 건 그냥 일상이랍니다. 아쉬운 대로 일회용 장갑이라도 있으면 조금 안심이 되려나요. 이 준비물 이야기로 충격을 받으신 건 아니시죠? 너무 걱정 마세요. 흔하게 있는 일은 아니지만, 대비는 하는 것이 좋겠죠. 만사 불여튼튼이라고나 할까요?

주요 가치와 행동 유형별로 읽는 『미리 준비하는 1학년 학교생활』

＊부록 사용법

『미리 준비하는 1학년 학교생활』의 본문은 시간의 흐름에 따라 진행됩니다.
그러나 이제 막 초등학생이 된 아이에게 언제, 어떤 것이 필요한지 알 수 없을 때도 많습니다.
아이가 보이는 행동의 시기가 다르다고 당황하지 마세요.
〈부록 2〉는 아이들의 생활과 학습에 필요한 주요 가치별로 찾을 수 있게 정리가 되어 있습니다.
아이와 함께 필요한 부분을 먼저 찾아 읽어 보세요.
읽은 날을 표시해 둔다면, 이 책을 펼 때마다 다시 한 번 그날을 떠올리며 추억담을, 아니면 복습을 하는 것도 매우 유익합니다.

★ 의사소통_아이와의 대화로 마음 들여다보기

내용	관련 그림책	활동	페이지	읽은 날
입학 전 긴장되는 마음 살피기	학교 가기 싫은 선생님	입학 전 걱정거리 나누며 아이 마음 토닥여 주기	15	
	학교가 너를 처음 만난 날	6년간 함께할 학교를 소개하고 든든하게 지켜줄 학교의 곳곳을 사랑해주기로 약속하기	15	
진짜 마음 들여다보기	얄미운 내 동생	성장하며 느끼는 아이 마음 읽어주기	227	
	진정한 일곱 살	나이다움이라는 역할에 힘든 아이 마음 살펴보기	227	
고전의 맛을 느끼며 도란도란 이야기 나누기	잠들기 전 엄마 아빠가 들려주는 한국 전래 동화	잠들기 전 옛이야기 들려주며 도란도란 이야기 시간 갖기	274	
이별 준비하기	다시 만날 때	선생님, 친구들에게 마음을 담은 편지쓰기	291	

★ 위생·청결_깨끗한 몸과 주변 정리 습관 돕기

내용	관련 그림책	활동	페이지	읽은 날
똥 닦는 방법 익히기	슈퍼 히어로의 똥 닦는 법	스스로 똥 닦는 연습, 대소변 본 후 물내리는 습관 기르기	25	
바른 코딱지 처리법 익히기	코딱지의 편지	코딱지에게 하고 싶은 말 전하며, 바른 코딱지 처리를 위한 다짐하기	67	
양치 습관 기르기	충치 요괴	이 닦기 실천 표 만들기	71	
정리정돈 습관 기르기	스스로 척척	정리정돈 실천구역 정하고 스스로 실천하기	74	

★ 기초학습_기초학습과 바른 습관 익히기

내용	관련 그림책	활동	페이지	읽은 날
우산 정리 방법 익히기	노란 우산	바른 우산 정리법 익히기	22	
손힘 기르기	굴러 굴러	스토리텔링으로 손힘 기르기	53	
바른 식습관 기르기	브로콜리지만 사랑받고 싶어	편식 없는 식생활 실천하기 브로콜리 스프 만들기	77	
스마트기기 사용 시간 정하고 실천하기	눈이 바쁜 아이	스마트기기 사용 시간 정하고 실천하기, 다른 재밌거리 찾기	79	
바른 자세 익히기	삐뚜로 앉으면	바른 자세가 필요한 이유를 알고 실천하기	85	
숫자 익히기	시계 탐정 123	숫자 익히기 수 익히기	89	
자음자 익히기	움직이는 ㄱㄴㄷ	자음자 익히기	120	

★ 규칙·질서_단체생활에 필요한 규칙과 질서 익히기

내용	관련 그림책	활동	페이지	읽은 날
복도 통행 방법 익히기	사뿐사뿐 따삐르	따삐르처럼 사뿐사뿐 걸어보기	35	
상황별 에티켓 익히기	어떻게 해야 할까요?	공공장소에 따른 기본예절 익히기	59	
전기 안전 익히기	전기안전동화 –찌릿찌릿 귀신이 나타났다	상황별 여러 가지 안전 약속하기	63	
공공장소 예절 익히기	도서관에 간 사자	장소마다 지켜야 할 규칙과 예절 알아보기	115	

★ 창의·놀이_창의적 표현활동과 즐거운 놀이 경험하기

내용	관련 그림책	활동	페이지	읽은 날
상상력 기르기	심심할 땐 뭘 할까?	창의 학습지로 상상력 기르기, 상상 놀이하기	99	
이야기 만들기	움직이는 ㄱㄴㄷ	나만의 ㄱㄴㄷ 이야기 만들기	120	
교실 속 보물찾기	샘과 데이브가 땅을 팠어요	보물찾기 놀이하기	159	
놀이로 즐거움 맛보기	가을 운동회	작은 운동회 열기	173	
창의적 표현하기	도깨비를 빨아버린 우리 엄마	도깨비 창의적으로 꾸미기	178	
놀이로 행복감 느끼기	간질간질	그림자 놀이하기	224	
전통 놀이 익히기	어깨동무 내 동무	함께 하는 전통 놀이의 즐거움 알기	277	

★ 감정·감성_여러 가지 감정과 따뜻한 감성 느끼기

내용	관련 그림책	활동	페이지	읽은 날
실수(착각)를 부끄러워하는 아이 마음 돋아주기	파닥파닥 해바라기	기분 좋은 착각으로 긍정 효과 끌어내기	18	
나 들여다보기	나는요,	나 들여다보기, 진짜 내 모습 찾기	45	
심부름 도전하기	이슬이의 첫 심부름	심부름 미션으로 짜릿함 맛보기	92	
예쁜 문장 모으기	프레드릭	자연 속에서 느껴지는 예쁜 문장 모으기	125	
자신의 감정 들여다보기	컬러 몬스터	여러 가지 나의 감정을 깊이 들여다보며 다양한 색으로 나타내보기	182	
나의 장점 찾으며 자존감 높이기	말썽이 아냐 호기심 대장이야	자신의 여러 모습 중 장점에 집중하며 잘하는 점을 찾고 자존감 높이기	191	
용기 심어주기	용기 모자	용기 모자 만들며 용기 가지기	210	
올바른 감정 해소 방법 알기	화가 호로록 풀리는 책	나만의 화 푸는 방법 찾기	218	
감성 가득한 나만의 그림책 만들기	계절의 냄새	나만의 계절의 냄새 책 만들기	284	

★ 관계·이해_다른 사람과의 관계를 위해 타인을 이해하고 배려하기

내용	관련 그림책	활동	페이지	읽은 날
친구와 사이좋게 지내는 방법 알기	친구를 모두 잃어버리는 방법	친구를 잃어버리지 않는 방법 생각해보며 사이좋게 지내기	41	
선생님과의 긍정적 관계 맺기	선생님 사로잡기	선생님과 좋은 관계를 맺기 위한 방법 알기	48	
소문에 비판적 시각 가지기	감기 걸린 물고기	비판적 시각으로 소문의 진실 가려내기	97	
행복한 반을 위해 할 수 있는 일 알기	내복 토끼	나만의 수호천사를 찾고 수호천사에게 듣고 싶은 말 이야기하기 건강한 반이 되기 위해 내가 실천할 수 있는 일 찾기	103	
오해와 편견 바로 알기	이파라파냐무냐무	오해와 편견에 대한 의견 나누기	133	
진정한 도움 알기	도와줄게	진정한 도움이란 무엇인지 생각해보고 가치 사전 만들기	144	

솔직해져야 하는 이유알기	형이 짱이지?	허세의 단점을 알고 바른 관계를 위해 노력해야 할 점 찾기	163	
약속의 중요성 알고 실천하기	잠들기 전에 약속할게	우리만의 약속 정하기	167	
긍정적 시각으로 친구 바라보기	에드와르도, 세상에서 가장 못된 아이	칭찬으로 긍정적인 마음 키우기	195	
서로의 고민 해결해주기	걱정이 너무 많아	걱정상자에 담은 서로의 고민을 들어보고 해결해주기	200	
소중한 것의 의미 알기	누가 잃어버린 걸까?	물건의 소중함 알고 물건을 잃어버린 친구 마음 헤아려보기	205	
올바른 친구 관계 이해하기	잘자, 반디야	단짝 친구에 대한 고민을 들어보고 친구 간에 지켜야 할 예절 알기	233	
이성 관계 바로 알기	아홉 살 첫사랑	올바른 이성 관계에 대해 고민하고 건전한 교제를 위해 노력하기	250	
올바른 화해법 알기	짝꿍	자신의 화나는 입장만큼 서운한 상대방의 마음에도 귀기울여 들어주기	259	
사이좋은 관계를 위한 말의 중요성 알기	가시 소년	내가 가진 가시 그림자와 가시 돋친 말을 쓰고 구기며 나쁜 감정 해소하기	269	

★ 이웃·사랑_이웃을 둘러보고 배려하는 마음 기르기

내용	관련 그림책	활동	페이지	읽은 날
장애 이해하기	캄캄해도 괜찮아	장애 시설 알아보기 점자 블록 익히기	136	
가족 사랑 느끼기	오늘도 기다립니다	뜨거운 의자로 입장 되어보기 그리움과 기다림의 가치 사전 만들기	150	
소외된 이웃 둘러보기	뒷집 준범이	질문 기차 만들기 외로운 이웃에 관심 가지기	238	
고마운 이웃에게 감사한 마음 갖기	어둠을 치우는 사람들	환경미화원에게 선물하고 싶은 것 꾸미기	244	
환경을 생각하는 마음 갖기	할머니의 용궁 여행	분리수거 체험하기	254	
생명 존중 마음 갖기	검은 강아지	검은 강아지 입장이 되어 주인에게 편지 쓰며 생명 존중 마음 기르기	261	

★ 부모교육_아이들 특성 이해하기

내용	아이 모습	관련 그림책	주제	페이지	읽은 날
주의 산만한 아이 이해하기	주의가 산만한 아이	넉 점 반	아이들의 호기심 이해하기	29	
질문이 많은 아이 이해하기	질문이 많은 아이	왜냐면	질문의 중요성 알고 질문의 대처법 알기	111	
관심과 사랑으로 바라보기	작은 것에 아파하는 아이	엄마 손은 약손	작은 상처에 칭얼대는 아이 마음 들여다보기	188	
나다움 인정하기	여자답지 못한, 남자답지 못한 아이	우리는 보통 가족입니다	나다움 인정해 주기	214	
말의 중요성 알기	말에 상처받는 아이	말의 형태	말의 중요성을 알고 다정한 말투로 대하기	280